带着梦想

去成功

· 吴飞 主编

吉林出版集团有限责任公司

图书在版编目（CIP）数据

带着梦想去成功 / 吴飞主编. —长春：吉林出版集
团有限责任公司，2011.9

（心之语系列）

ISBN 978-7-5463-5773-7

Ⅰ. ①带… Ⅱ. ①吴… Ⅲ. ①成功心理 – 少年读物
Ⅳ. ①B848.4–49

中国版本图书馆 CIP 数据核字（2011）第 129000 号

带着梦想去成功

作　　者	吴 飞 主编	
出 版 人	王保华	
责任编辑	孟迎红	
责任校对	赵 霞	
开　　本	710mm×1000mm　1/16	
字　　数	250 千字	
印　　张	15	
印　　数	1–5000 册	
版　　次	2011 年 9 月第 1 版	
印　　次	2011 年 9 月第 1 次印刷	
出　　版	吉林出版集团有限责任公司	
发　　行	吉林音像出版社	
	吉林北方卡通漫画有限责任公司	
地　　址	长春市泰来街 1825 号	
	邮　编：130062	
电　　话	总编办：0431-86012915	
	发行科：0431-86012770	
印　　刷	北京通州富达印刷厂	

ISBN 978-7-5463-5773-7　　　　　定价：29.80 元

代 序

心田上的百合花开

在一个偏僻遥远的山谷里，有一个高达数千尺的悬崖。不知道什么时候，断崖边上长出了一株小小的百合。百合刚刚诞生的时候，长得和杂草一模一样。但是，它心里知道自己并不是一株野草。

它的内心深处，有一个内在的纯洁的念头："我是一株百合，不是一株野草。唯一能证明我是百合的办法，就是开出美丽的花朵。"

有了这个念头，百合努力地吸收水分和阳光，深深地扎根，直直地挺着胸膛。终于在一个春天的清晨，百合的顶部结出了第一个花苞。

百合的心里很高兴，附近的杂草却很不屑，它们在私底下嘲笑着百合："这家伙明明是一株草，偏偏说自己是一株花，还真以为自己是一株花，我看它顶上结的不是花苞，而是头脑长瘤了。"

公开场合，它们则讥讽百合："你不要做梦了，即使你真的会开花，在这荒郊野外，你的价值还不是跟我们一样。"

偶尔也有飞过的蜂蝶鸟雀，它们也会劝百合不用那么努力开花："在这断崖边上，纵然开出世界上最美的花，也不会有人来欣赏呀！"

百合说："我要开花，是因为我知道我自己又美丽的花；我要开花，是为了完成作为一株花的庄严使命；我要开花，是由于自己喜欢以花来证明自己的存在。不管有没有人来欣赏，不管你们怎么看我，我都要开花！"

在野草和蜂蝶的鄙夷下，野百合努力地释放内心的能量。有一天，它终

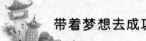

于开花了，它那灵性的白和秀挺的风姿，成为断崖上最美丽的颜色。

这时候，野草和蜂蝶再也不敢嘲笑它了。

百合花一朵一朵地盛开着，花朵上每天都有晶莹的水珠，野草们以为那是昨夜的露水，只有百合自己知道，那是极深沉的欢喜所结的泪滴。

年年春天，野百合努力地开花、结籽。它的种子随着风，落在山谷、草原和悬崖边上，到处都开满洁白的野百合。

几十年后，远在百里外的人，从城市，从乡村，千里迢迢赶来欣赏百合花。许多孩童跪下来，闻嗅百合花的芬芳；许多情侣互相拥抱，许下了"百年好合"的誓言；无数的人看到这从未见过的美，感动得落泪，触动内心那纯净温柔的一角。

那里，被人称为"百合谷底"。

不管别人怎么欣赏，满山的百合花都谨记着第一株百合的教导：

"我们要全心全意默默地开花，以花来证明自己的存在。"

目　录

每一天都是新的，每一天都应该信心满满地去生活。不要抱怨不要消沉，苦尽自然会甘来。我想上帝应该是公平的，给于每个人的差不多吧，重要的是自己的努力和执着，重要的是自己的恒心和耐力，没有什么是不可能的。要坚信自己的力量，要给自己勇气和信心，用笑容迎接生活中的阳光和雨露，不论在什么情况下，都能笑对人生，这便是生活的强者。

人生如水，我们既要尽力适应环境，也要努力改变环境，实现自我。我们应该多一点任性，能够在必要的时候弯一弯，转一转，因为太坚硬容易折断。惟有那些不只是坚硬，而更多一些柔韧，弹性的人，才可以克服更多的困难，战胜更多的挫折。

请多一点微笑，无论对任何人。或许这并不能使你避开一场灾祸，但至少会使你成为一个受欢迎的人。生活中多一点微笑，人生中就少一点烦恼。人与人之间的关心和帮助，就是人世间最珍贵的宝藏。

一路走来，她的成就已足够令自己和父母骄傲了。但童年时那个飞起来的梦想却总让她挥之不去，她要像天使一样自由飞翔。

人类生来是为了成就事业的，每个人的生命里都有一颗伟大的种子，这其中自然也包括你。你是一个有价值的人，有能力创造美好的事物。

第一辑　功到自然成

　　每一天都是新的，每一天都应该信心满满地去生活。不要抱怨不要消沉，苦尽自然会甘来。我想上帝应该是公平的，给于每个人的差不多吧，重要的是自己的努力和执着，重要的是自己的恒心和耐力，没有什么是不可能的。要坚信自己的力量，要给自己勇气和信心，用笑容迎接生活中的阳光和雨露，不论在什么情况下，都能笑对人生，这便是生活的强者。

各自精彩，各自美丽

　　不管你是贩夫走卒也好，或是达官贵人也罢，每个人都能在有限的生命中，展现无限的自己。

　　大部分的人都注重生命的长度，却忽略了生命的亮度。

　　人生要精彩一点，生活才能丰富一点。但是，什么是精彩? 生活多采多姿，就是精彩吗? 平凡的人生要如何展现精彩? 人生不必伟大，只要好好实现生命中每个精彩的想法，就够了。一个人能够不受俗世的制约、框架、限制，勇敢去冒险，不向生命妥协，不向命运低头，在任性和认真之间，不管是守着边缘的位置，或者是主流的位置，都能在飘泊和安定的生命中，去体悟人生、了解人生、分享人生、探索人生、创造人生，这就是一种精彩，而且，是一种非常美丽的精彩。

　　"有的人像闪电一样声威显赫，有的人像彩虹一样炫丽夺目，也有人像流星，只出现一瞬的光芒，就销声匿迹；另外，还有些人像是绵密的雨丝，普降大地，滋生万物。" 不管你是贩夫走卒也好，或是达官贵人也罢，每个人都能在有限的生命中，展现无限的自己，别人记住的，不一定是你的头衔或卷标，却一定不会忘记你所曾经拥有过的精彩。

　　能够活得精彩的人，就是能够透透彻彻地了解，自己在做什么，自己到底要什么，自己又有什么地方，能够做到让别人自叹不如、五体投地、深感佩服。让别人对你产生敬意的，不会是你的头衔、职业、收入，甚至姓名! 其实，这些并不重要，你不妨仔细想想看! 过往和你交换过名片的人，你又记得几个? 有的人挂了董事长的头衔，有的人是大学教授，有的人号称月入数十万，然而，才一转眼，你就会把这些人全忘得干干净净。

　　但是，那些精彩的人物，总是叫你想忘也忘不了，即使事隔多年，你仍然会记得某一位作家的名字，因为，他曾写过一本影响你一生的书；也许，你会怀念一位美容院的设计师，因为，只有她能做出令你满意的发型；又或许，你还会记得某一位曾令你敬佩的师父，因为，他的言行令你深深的感动。深刻在我们记忆中回旋的，都是具有魅力的精彩人物。他们的特质是，拥有绝佳的生命力，智能内涵胜过华丽的外表，他们的一颦一笑，一举手一投足，都充满了动人的神韵。他们未必拥有显赫的头衔，也不一定开着豪华轿车、戴著名贵珠宝，他们不必有多么高阶的头衔，重要的是，他们活出了自己的精彩，也活出了自己魅力的人生。

每个人，只要能诚诚恳恳，去做他最喜爱的事就对了。当你写了一本好书，帮别人做了一个漂亮的发型，完成一项艰巨的任务，在使得别人得到快乐的同时，也让自己变成，一个具有吸引力的人，这就是一种精彩。这样说来，道理好象很简单，其实，要做到，并不容易。在芸芸众生中，就有许多人做着自己不喜欢的工作，在自我框架中被局限，想要逃离，却没有足够的勇气。仔细想想，你自己做到了吗?你认为自己是一个精彩的人物吗?你热爱你现在的工作吗?你热爱你周围的人吗?你热爱你每天所做的事吗?或者说，你现在活得快乐吗?你整天脑子里想的，是不是想要赚更多钱?买更好的进口车?戴更名贵的钻石、翡翠?还是爬升到更高的职位?或者是，你也不晓得该追求什么样的目标。

你每天花多少的心思，在思考人生的种种问题。也许，你浑浑噩噩的活着，只是憧憬着未来，却忘记了眼前最重要的事；也许，你永远只是觉得为什么梦想始终只是梦想而已?却忘了要自己去成就梦想。

久而久之，当你每天过着同样的日子，却看不到任何的进步，也没有任何令人满意的成就时，人们很轻易就把你忘记，而你，也只有眼睁睁地看着时光飞逝，然后继续感叹自己的一事无成。这一切的错误，皆因你没有认清自己，不了解自己使然。生命中，能让人发光发亮的东西，都不在梦想中，而是在现实的生活里；不在明天的仙境里，而是在今天你脚下所踩的泥土上。我们不必为了生命中的欠缺而感到难过，你也许少了一张大学文凭，你可能并不富有，又或者你的相貌平凡无奇，甚至，你也拿不出什么显赫的家世背景来。然而，这一切都不能阻止你，成为一个有魅力，而且精彩的人，你依然可以成为一个让人记忆深刻，让人想忘也忘不了的精彩人物。

要活得有乐趣，才能活出精彩。能让别人羡慕的，不一定是拥有文凭、

钻石、进口车、美貌，但是，他们一定是踏踏实实地踩在坚硬的泥土上，诚诚恳恳努力地去做该做的事，而且，能够很骄傲地展示他们努力的成果。认清自己，并不是一件容易的事。不论置身在哪一个行业，任何一个特别突出的人物，其实，都必须经过千锤百炼，甚至，要经过几十年的努力之后，才有可能发光、发亮。然而，就像在矿山里寻找钻石，你必须先探测出钻石在哪里，然后才可以瞄准目标，奋力挖掘。认清自己的特质，就像是寻找钻石那样，先分析清楚自己的个性、爱好与才能，然后，再瞄准目标，片刻不停地去挖掘、去雕琢。人生的光亮，也要像钻石一样，必须透过长时间的挖掘，费尽心力的琢磨，再历经辛苦的等待，最后，那颗晶莹耀目的钻石，才会散发耀眼的光芒，令人惊叹，也让人落泪，这时，你才会恍然领悟到，最后的美好，是始于最初的苦心与真心。

每一个人都有机会，成为一颗光芒耀眼的钻石，关键在于，你有没有认清自己的特质？你愿不愿意活得更精彩？即使你可能因此而备尝艰辛，你仍然要认真地抓住生命中，每一个稍纵即逝的机会，努力把握人生中每一个可能。要活得精彩，并不是向往你做不到的事情，而是一步步走向人生另一个境界，学会在平凡和不平凡之间，活出自己的人生。

（邱立屏）

把不可能变可能

　　卡许并没有被医生的话吓倒，他知道"上帝"就在他心中，他决心"找到上帝"，尽管这在别人看来几乎不可能。

　　这是一个真实的故事，故事的主人公出生在阳光普照的棉乡。他从小就经常下地劳动，高中毕业后，他参军离开了家，不久部队派他去了德国。在那儿的一个军人商店里，他买到了自己有生以来第一把吉他。因为他早有一

个梦想——一个在家从父亲买的收音机里第一次听到音乐时就产生的梦想——当一名歌手。

他开始自学弹吉他，并练习唱歌，他甚至自己创作了一些歌曲。服役期满后，他开始努力工作以实现当一名歌手的夙愿，可他没能马上成功，没人请他唱歌，就连电台音乐节目广播员的职位他也没能得到。他只能靠挨家挨户推销各种生活用品维持生计，不过他还是坚持练唱。他组织了一个小型的歌唱小组在各个教堂、小镇巡回演出，为歌迷们演唱。最后，他灌制的一张唱片奠定了他音乐工作的基础。他吸引了两万名以上的歌迷，金钱、荣誉、在全国电视屏幕上露面——所有这一切都属于他了。他对自己坚信不疑，这使他获得了成功。

这个人的名字叫约翰尼·卡许。然而不久，卡许又接着经受了第二次考验。经过几年的巡回演出，他被那些狂热的歌迷拖垮了，晚上须服安眠药才能入睡，而且还要吃些"兴奋剂"来维持第二天的精神状态。他开始染上一些恶习——酗酒、服用催眠镇静药和刺激兴奋性药物。他的恶习日渐严重，以致对自己失去了控制能力。他不是出现在舞台上而是更多地出现在监狱里了。到了后来（1967年），他每天须吃100多片药片。

一天早晨，当他从佐治亚州的一所监狱刑满出狱时，一位行政司法长官对他说："约翰尼·卡许，我今天要把你的钱和麻醉药都还给你，因为你比别人更明白你能充分自由地选择自己想干的事。看，这就是你的钱和麻醉药片，你现在就把这些药片扔掉吧，否则，你就去麻醉自己，毁灭自己，你选择吧！"

卡许选择了生活。他又一次对自己的能力作了肯定，深信自己能再次成功。他回到纳什维利，并找到他的私人医生。医生不太相信他，认为他很难改掉吃麻醉药的坏毛病。医生告诉他："戒毒瘾比找上帝还难。"

卡许并没有被医生的话吓倒，他知道"上帝"就在他心中，他决心"找到上帝"，尽管这在别人看来几乎不可能。他开始了他的第二次奋斗。他把自己锁在卧室闭门不出，一心一意就是要根绝毒瘾，为此他忍受了巨大的痛苦，经常做噩梦。后来在回忆这段往事时，他说，他总是昏昏沉沉，好象身体里有很多玻璃球在膨胀，突然一声爆响，只觉得全身布满了玻璃碎片。当时摆在他面前的，一边是麻醉药的引诱，另一边是他奋斗目标的召唤，结果他的

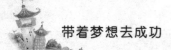

信念占了上风。9个星期以后，他又恢复到原来的样子了，睡觉不再做噩梦。他努力实现自己的计划。几个月后，他重返舞台，再次引吭高歌。他不停息地奋斗，终于又一次成为超级歌星。

卡许完成了医生认为的不可能的事情，事实上，世界上有许多所谓不可能的事情都有可能发生。

（佚名）

最无用的东西就是恐惧

当我被置于这种欲退不能的境地以后，失败的恐惧就被抛在了脑后，取而代之的是渐增的勇气。

我这个人生性腼腆，因此当头儿第一次让我单独去谈一个项目时，我愁得几乎彻夜未眠。我想，对方可是本地最大的房地产开发商啊，他能看得上我们这家小公司吗？和他见面以后，怎样切入正题，怎样让他相信那个项目由我们做最合适，采取怎样的态度才既不会使他反感也不会使我们显得太卑微，坚持怎样的价格才既能让他接受又能让我们公司最大限度地争得利益？

不过，仅仅是考虑以上问题绝不至于让我坐卧不安到那种程度，其实整个晚上我考虑得更多的是：万一签不上合同怎么办？一想到当我空手而归时，面对的将是别人失望甚至嘲笑的目光，还可能从此以后再也不会得到这种独当一面的机会，我简直不寒而栗。尽管我一直给自己打气，可是这种焦虑和恐惧却死死纠缠着我，总也挥之不去。

第二天我走进公司时无精打采。和我对桌的同事问我脸色咋这么难看，以为我病了。就在这时，我忽然想到他可是个谈判高手，曾经签回好几个大单。于是我眼前一亮，就像溺水的人看到了一根稻草。我吞吞吐吐地向他吐露了心事，最后说："我真的害怕我的第一次是以失败告终，所以你一定要帮我。要不，这次你陪我一起去吧！"他默默地看了我一会儿。让我深感意外的是，他忽然掏出电话本，拨通了一个电话。"喂，我找林总。噢，您就是?我是彩乐装饰公司的×××（我大吃一惊，那是我的名字），公司委派我和您谈给五号小区做装饰壁画的事，不知您什么时候有时间?明天?好，明天下午两点我准时到您办公室。"他放下电话，抬头对我说："谢我吧，我帮你联系好了。"

我一时间哑口无言，恼怒地看着他。他这哪里是在帮我，简直是在逼我嘛！我觉得自己好像一下子被悬在了一个峭壁上。"现在你可以把害怕放到一边去了。"他微笑着说。还用说吗?事已至此，害怕还有什么用?难道我还有第二种选择吗?现在我唯一能做的事情，就是打起精神，顺着峭壁奋力往上爬。我一边对他怨言不止，一边赶紧开始准备第二天的"台词"。倒也奇怪，当我被置于这种欲退不能的境地以后，失败的恐惧就被抛在了脑后，取而代之的是渐增的勇气。我强迫自己设想一些乐观的结局，并反复对自己说：别管谈成谈不成，只管尽力去谈吧！

结果，那次洽谈比我想象的要顺利得多，我为公司签到了一笔利润丰厚的合同。事后我摆酒席答谢"逼"我的那位同事，因为如果不是他把我推上"绝路"，我或许会退缩，至少不会怀着一种不论成败尽力去做的心情敲响林总的房门。席间，他的一番话无疑将使我受益终生："在我看来，最无用的东西就是恐惧。如果你做的事情注定要失败，那么恐惧有什么用?如果经过努力可以成功，恐惧却会把这种努力吞噬掉。比如一个球员在踢点球的时候，如果他一心想的不是怎样去踢好这个点球，而是踢不进点球后所要遭受的嘘声和谩骂，那么他就会恐惧得两腿发软，这个点球也就十有八九踢不进。可见恐惧不仅无用，还会促成失败。其实，踢进点球的最好方法，不过是果断地抬脚踢球而已。"

（佚名）

不识字的人

　　"不识字是一种心灵上的残障，"他大所疾呼："指责他人只是徒然浪费时间，我们应该积极教导有阅读障碍的朋友。"

　　自从约翰·柯克隆有记忆起，文字就一直是他的克星。小时候上学，他总觉得书上的字母跑东跳西，母音的声音他永远捉不到。由于有自卑感，他有学校总是表情呆滞，沉默寡言，他多么希望有人能坐到身旁，拍着肩膀安慰他："我来帮你，别害怕。"

　　但那时没人知道什么叫阅读困难症，约翰的左脑无法像正常人一样，将文字之类的符号有次序地排列。

　　小学二年级时，他被编到班上的"放牛组"。三年级时，老师将一把直尺交给其他学生，约翰要是不肯念书写字，每个人都能拿尺抽他的脚。四年级时，老师点他起来念书，众目睽睽下，他只能沉默不语，其他学生以为他快窒息，他就这样一年熬过一年，最后终于完成了小学学业。

　　上了中学后，情况大为改观。由于他在篮球场上表现神勇，很快便成为风靡全校的明星人物。毕业典礼上，他母亲喜滋滋地表示要让他继续上大学。大学？这是他连做梦也不会想到的事。但他最后决定选择德州艾尔帕沙大学，并申请加入该校的篮球队。他深吸了一口气，紧闭起双眼，准备硬着头皮往前走。

　　入学的第一天，约翰便四处向人打听，哪个老师给分最松？哪一堂课最容易混！每堂课下课后，他一定立刻将在课堂上画的涂鸦给撕掉，免得有人要跟他借笔记。在宿舍里，他也会抱着厚厚的教科书，若有其事地读着，免得他的室友起疑。他躺在床上，身心俱疲，但满脑混乱的思绪，却又让他无法入眠。结业考的前一晚，他向上帝祈祷，这次若能过关，他一定到教堂连做弥撒30天。

后来他拿到了大学文凭，也遵守诺言连做了30天的弥撒，接下来该做什么呢？由于自身有着极大的不安全感，他渴望能弥补脑中的这片空白，也许就是如此，他决定投身教职。

1961年，约翰开始在加州的一所小学任教。他每节课轮流让学生上台读课文，考试用的是标准测验纸，使用有答案洞的卡纸来改考卷。一到不用上课的周末，他便躺在床上好几小时，任由心情沉到谷底。

他后来遇见了在校表现杰出的护士凯西，一个外柔内刚的女孩。1965年，他们决定携手共度一生，就在结婚的前一晚，约翰向凯西坦白："有件事我得告诉你，我……我是个不识字的家伙。"

"教书的怎么可能不识字？他大概是觉得自己英文程度太差才这么说。"凯西当时并不以为意。但几年后，凯西发现约翰无法念本故事书给18个月大的女儿听，她才了解他是真的不识字。也许有人会问，叫凯西教他识字不就结了？问题是约翰不肯学，因为他觉得他一辈子也学不会。

28岁那年，约翰贷款2500美元买了第二栋房子，加以装修出租。他的房子越买越多，生意愈做愈大，他决定找人合伙，并雇用秘书和律师来处理相关事项。

经过几年的经营，约翰已跻身百万富翁的行列。但没人注意到这位百万富翁总是去拉门把上写着"推"的门，而在进入公厕前，他一定会迟疑片刻，看有男士进出的门是哪一个。

1982年由于经济不景气，他的生意一落千丈，投资人纷纷打退堂鼓，那时每天都有人威胁要对他提出起诉或是没收抵押物。他每天忙着四处求银行延长贷款期限，安抚工人继续施工，还得面对堆积如山的复杂文件。他唯恐有天会被提去证人席，接受法官的质询："约翰·柯克隆，你真的不识字吗？"

到了1986年的秋季，48岁的约翰做了两个破天荒的决定。首先他拿自己的房子做贷款抵押，再就是他鼓起勇气走进市立图书馆，告诉成人教育班的负责人，"我想学识字。"说完他便哭了起来。

教育班安排了一位65岁的祖母当约翰的指导老师，她一个一个字母地耐心教导他，14个月后，他公司的营运状况开始好转，而他的识字能力也大有进步。

他后来在圣地亚哥的某个场合里公开自己曾是文盲的事实，这项告白跌破了与他曾合作的200名商界人士的眼镜，为了贡献自己的一份心力，他加入了

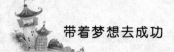

圣地亚哥识字推广委员会，开始到全国各地发表演说。

"不识字是一种心灵上的残障，"他大所疾呼："指责他人只是徒然浪费时间，我们应该积极教导有阅读障碍的朋友。"

约翰现在一拿到书本或杂志，或是见到路标，便会大声朗读，只要妻子凯西不嫌他吵，他觉得读书的声音可比歌声更美妙，他现在也能安然入睡。

有一天他突然灵光一现，兴冲冲地到储存室翻出一个沾满灰尘的盒子，里面有一叠用丝带绑着的信笺，没错，经过25年，他终于能看懂妻子当年写的情书。

（潘蜜拉·杜克斯）

只要你飞，那堵墙就比你矮

　　一次不经意的发现让你平步青云，一个偶然的机遇让你坐上成功的宝座，一次心灵的旅行可以让你明白生活的真谛。

路在脚下，要靠自己，靠毅力走出来。但只要你飞，那堵失败的墙就比你矮。

二战后，日本食品严重不足。一位伟人应势出现。安藤百福，方便面的发明者，一个伟大时代缔造者。

安藤百福设想的方便面是一种加入热水即可速食的面。他开始研究时完全处在摸索阶段，起早贪黑，披星戴月。这样的日子整整持续了一年。后来，功夫不负有心人，在他的不懈努力下，很快便拿到了方便面制法的专利。安藤百福在自己的艰苦奋斗之后，飞越了阻挡在他和成功之间的墙，拿到了成功的入场券。

抓住稍纵即逝的灵感即是成功。1966年安藤百福拿着方便面去洛杉矶的超市让几个采购人员试尝，他们把面分成两半放入纸杯中，注入开水。吃完后把杯子随手扔进了垃圾箱。安藤恍然大悟，脑子里就有了开发"杯装方便面"的构想。在一次回国的飞机上，安藤发现空中小姐给的放开心果的铝制容器的上部是一个由纸和铝箔贴合而成的密封盖子。恰巧，他正被如何才能长期保存这个问题困扰，想找一种不通气的材料。于是，杯装方便面的铝盖在那一刻就这么定了下来。从此，方便面成就了一个伟人和一个伟大的时代。

伟大可以来自微小。一次不经意的发现让你平步青云，一个偶然的机遇让你坐上成功的宝座，一次心灵的旅行可以让你明白生活的真谛。

伦琴发现X光线，不就是偶然所得吗？牛顿著名的万有引力不正是来自一次平常的苹果落地吗？锯的发明不也是鲁班被锯齿状植物叶片划伤时的猛然顿悟吗？

微小并不渺小，细微处方见英雄本色。

著名的"碎花瓶理论"正是在一次偶然的失误后发现的。著名的丹麦的物理学家雅各布尔曾经在一次实验中不小心打碎了一个花瓶，他本打算将碎片扔进垃圾堆里，但是，当他将这些大大小小的碎片用天平来称量，竟然发现了一个奇怪的现象：大块碎片质量是次大块碎片质量的16倍。后来他利用这个理论来恢复陨石等不知其原貌的物体，给考古学和天体学带来了意想不到的收获。"碎花瓶理论"不也说明垃圾中也可能蕴含有极大的宝藏吗？

失败受挫之后把握时机便是成功。"千金散尽还复来"，成功永远在等待。别忘了，只要越过了那堵墙，就是成功！尽情的飞翔吧！

（佚名）

做有"价值"的人

不管在什么时候，你都不要小看自己，然后再突出自己的一些特点，就可以起到画龙点睛的作用。

在一次讨论会上，一位著名的演说家没讲一句开场白，手里却高举着一张20美元的钞票。面对会议室里的200个人，他问："谁要这20美元？"大家都举了手。他接着说："我打算把这20美元送给你们中的一位，但在这之前，请准许我做一件事。"他说着将钞票揉成一团，然后问："谁还要？"大家仍然踊跃着举起手来。他又说："那么，假如我这样做又会怎么样呢？"他把钞票扔到地上，恶狠狠地踏上一只脚，并且用脚碾它。尔后他拾起钞票，钞票已变得又脏又皱。"现在谁还要？"还是有人举起手来。

"朋友们，你们已经上了一堂很有意义的课。无论我如何对待这张钞票，你们还是想要它，因为它并没贬值，它依旧值20美元。人生路上，我们会无数次被自己的决定或碰到的逆境击倒、欺凌甚至碾得粉身碎骨。我们觉得自己似乎一文不值，但无论发生什么，或将要发生什么，在上帝的眼中，你们永远不会丧失价值，在他看来，肮脏或洁白、贫贱或富贵，你们依然是无价之宝。"

再来看看另外一个美国人詹姆斯，他是在美国新墨西哥州山上种植苹果的果农。他每年都用邮购的方式把一箱箱的苹果寄给各地的顾客。因为他对自己苹果的品质很有信心，所以大胆采取不满意包退的销售方式。多年来，他的生意一直很好。不料有一年冬天，新墨西哥山上下了一场罕见的大冰雹，苹果由于受到冰雹的袭击，个个出现斑痕。面对整园受损的苹果，詹姆斯悲痛欲绝。

这时他顺手摘下一个苹果狠狠地咬上一口，突然发现受损的苹果虽然外表不雅，却比平时的更香、更甜、更脆。他自言自语道："多可惜啊！好吃却不好看，有何补救之道呢？"詹姆斯搜肠刮肚，苦思数日，终于想通了，他照样把那些像是长了雀斑的苹果整箱寄给顾客，不过在箱里都附了一张纸条，上面写着："这次寄上的苹果，都长些雀斑，只有谈恋爱与怀孕的才会有雀斑，所以她们比过去的更甜美！"顾客收到货之后，都会心一笑，不但没人退货，还有人要追加。这位"化缺点为特点"来解决困难的果农，后来转向广告业，成为扬名全美的广告大师。

人生充满意义，也应该是美妙的。不管在什么时候，你都不要小看自己，然后再突出自己的一些特点，就可以起到画龙点睛的作用。

（黄棋）

把头抬起来

　　一点点地抬起头来，我才发现：抬头挺胸，不仅仅是一个正常人应有的生活姿势，更是一种人格精神的独立平等。

　　我从小就知道自己不美丽，是个再普通不过的女孩。虽然五官也算端正，却每每顾影自怜。偏偏那时候我生长再一个不太和谐的家庭里，父母的争吵简直是家常便饭。我从小就喜欢读一些唐诗宋词、中外小说之类的文学作品。书中女主人公的美丽清纯常让我黯然神伤；书中人物的悲欢离合更让我唏嘘叹惜。这些经历深深地影响了我的性格，自卑和忧伤与我形影不离。

　　可是从小到大，没有人窥见我内心这份脆弱，我用好成绩和温柔的性格，把它们紧紧地包裹起来，把伤心和失望写进厚厚的日记里。小学、中学时代的老师都喜欢我，因为我成绩优秀；和我相处过的同学也喜欢我，说我善解人意、谦逊随和。只有我自己明白，我遇见人说话总低着头，不是谦逊而是不自信。

　　这种消极的情绪一直伴随着我走进大学，虽然大学生活相对来说自由宽松了许多，我的性格也乐观开朗了一些，可骨子里的那份悲观却始终挥之不去。而我多么的幸运，再大学最后那年，不经意间发生的一间小事，不经意间听到的那些话语，却深深地触及了我的心灵。

　　那是一次普通话等级考试。考场设在学生处的办公室里，考生按考号排队，一个一个地进去单独考。听前面考完出来的考生透露：主考老师姓王，女的，40多岁，脸上一点笑容都没有，严厉又挑剔。

　　轮到我进去考试。我好不容易让自己心情平静下来，哪知办公室门砰的一声关上，又让我的心咚咚地跳了起来，办公室有两位老师，一位20多岁，负责录音；另一位便是那位严厉而陌生的王老师。她先验证了我的姓名和班级，然后把题单递了过来，只简洁地说了一声：开始。

　　我极力地镇定自己的情绪，便投入考试，前面几道题都是照题单上提供的字、词组、短文进行普通话朗读，我顺利地朗读完，瞥了她一眼，她毫无表情。最后一道题是三分钟的口头作文题，我抽到的题目是：你最喜欢哪一部小说？请简单谈谈理由。思考的时间非常短，幸好我平时作文功底还不错，迅速地组织了一下语言，便开始了口头作文：

　　我相信一个人喜欢某种东西和某篇小说一定跟他的人生经历和思想情绪有关系，我最喜欢的小说是英国女作家夏洛蒂·勃朗特的小说《简·爱》。我从小生长再一个不太和谐的家庭里，再加上在姐妹五人中我长得最平凡普通，我从小就自卑，走路都不敢抬头挺胸，害怕看见别人失望的表情；我也不敢面对属于自己的爱情，害怕那只是一场游戏，会给自己带来更深的伤害。直到有一天，我读到了《简·爱》，我被瘦小平凡但坚强执着的简震撼了。也许我无法选择我的出生和容貌，但我多么希望像简那样拥有属于自己的尊严和幸福……

　　我的声音中充满伤感，我不知道为什么要说这些，也许在陌生人面前，我不必有太多的掩饰；也许说自己的心里话能使我更顺畅地完成作文。反正那段时间，我正为工作的分配和感情的归属弄得心烦意乱，伤心绝望。

　　我说完了，低着头，等着监考老师说："你考完了，可以出去了。"可是那位王老师却从办公桌后面走了出来，她走到我面前，伸手拍拍我的肩膀："把头抬起来。"

　　我不安地抬起头，惊讶地发现她眼神中充满怜爱："有些东西是无法改变的，但你可以改变自己。"她语重心长地说："做人首先是要把头抬起来……再读读《简·爱》，那是一部好书……"

　　我记不清她还说了些什么，我也不知道自己是怎样走出那间办公室的，只知道有太多的感动在那一刻充溢心头。她原本可以把这一切只当做一场考试，她我所说的话只当一篇考试作文，然而她没有，而是伸出了手，用温暖的话语，用慈爱的笑容，在一个陌生女孩脆弱的心上点亮了一盏明灯。

　　后来，我读得最多的便是《简·爱》。每读一次，心里就增添一份自信；每读一次，我就会忆起王老师的话语：做人首先要抬起头来。一点点地抬起头来，我才发现：抬头挺胸，不仅仅是一个正常人应有的生活姿势，更是一种人格精神的独立平等。

如今，我拥有了幸福美满的家庭，拥有了深爱我的罗切史特，还拥有了一群热爱我尊敬我的学生。再教学中，发现有的学生失落、忧伤、自卑时，我会伸出手，拍拍他们的肩膀，鼓励他们："把头抬起来。"

（佚名）

希望是无处不在的

我永不遭遇过失败，因我所碰到的都是暂时的挫折。

你若今日造访我在加州的办公室，你会注意到房间的另一边摆放着一片美丽的旧式西班牙花砖，以及红木制的小吧台，外加9把皮面的高脚椅，（过去药局里常用来贩卖冷饮的那种吧台）不寻常吧？这些皮椅若能说话，它们会告诉你，我也曾有过一段低潮沮丧的日子。

那时二次世界大战刚结束，经济十分低迷，工作机会难求。我丈夫鲍比原本向人借钱买了间小型的干洗店，收入还足够养活一家四口，以及应付汽车、房屋等贷款。后来由于经济萧条，我们的经济一下子陷入了拮据的状态。

我想赚钱贴补家用，但我既没上过大学，也没有特殊才能，实在不知道做什么，这时我突然想到高中的英文老师，她鼓励我往新闻报导方面发展，并指派我担任校刊的编辑，我自忖："我可以为本地小型的周报写些《购物指南》之类的专栏，来赚些稿费偿付贷款。"

当时我们把车卖了，更花不起钱请保姆，所以我把两个孩子放在一辆摇摇欲坠的婴儿车里，后面绑个大枕头，一路上，车轮不断倾斜下掉，我只好用鞋跟把轮子敲回去，再继续向前走。就在这走走停停的当儿，我更下定决心不让孩子像我以前一样挨饿受冻。

然而在说明来意后，报社的负责人对我摇摇头："抱歉，经济不景气。"情急之下我想出了个主意，如果让我刊登《购物指南》，我自己负责找广告商，负责人最后同意给我一个时间，但他劝我别抱太大希望，可能我推着那辆破婴儿车到处找广告商，找上一星期也不会有什么下文。但他们错了！

然而我的做法果然奏效，这份收入不但偿还贷款绰绰有余，同时还买下了鲍伯为我找到的一辆二手车。由于工作量增加，我请了位高中女孩来照顾小孩，时间是每天下午3点到5点，3点一到，我便提起报纸，匆匆忙忙出门去会见客户。

但在某个阴雨的午后，我到客户店里收取广告文案时，却一一遭到拒绝。

"为什么?"我焦急地问。

原来他们发现瑞塞尔药局的老板卢宾·阿尔曼先生并没有在我的专栏上刊登广告，他的店是本地生意最好的。如果他不肯选择我的刊物，那表示我的广告效果大概不理想。

听完之后，我一颗心沉到了谷底，"我的房屋贷款全靠这4个广告客户呀！"我咬了咬牙，决定再去找阿尔曼先生谈谈，他是个德高望重的好人，一定会给我个机会。其实以前我已拜访过他多次，他总是以"外出"或"没时间"等理由拒绝见我。如果他肯跟我合作，那么其他的药商也会跟进的。

我战战兢兢地走进阿尔曼先生的药局，见到他在柜台后面忙着。我脸上堆满笑容，手上拿着刊有《购物指南》的报纸，趋前向他表示来意："您的意见一向很受重视，可否请您抽个空，看看我的作品，给我一点指教！"

他听了之后，嘴角立刻往下拉，坚决地摆着手说："不必了。"看着他斩钉截铁的表情，我的心情像是瓶子摔到地上，碎了一地的玻璃片，不知如何收拾才好。

霎时，我像泄了气的皮球，连爬出店门的力气都没有。我在药局前面的红木小吧台前坐了下来，但我又不好意思白坐，于是我掏出身上最后的一枚硬币，买了杯可乐，茫然地思索下一步该怎么做，难道我的孩子会像我小时候一样总是居无定所吗？难道我真的没有写作天分？莫非我的高中老师看错我了？一想到这些，泪水突然涌上了我的眼眶。

就在此时，我身边传来了一个温柔的声音："为什么事伤心呀？"我回头一看，一位满头白发的慈祥老妇人正对着我微笑，我将事情原委告诉了她，最后我叹了一口气说："但阿尔曼先生二话没说就拒绝了我的要求。"

"让我看看那篇《购物指南》，"她接过我手上那份报纸，仔细阅读了一遍，看完后，她从椅子上站了起来，对着柜台那边，中气十足地喊了一声："卢宾，过来一下！"她原来就是阿尔曼太太！

她要阿尔曼先生在我的专栏上刊登广告，他听了脸上立刻换上了笑容，接着阿尔曼太太跟我要了先前拒绝我的广告客户电话，然后一家一家打去交待，她告诉我只管去跟他们拿广告文案，其他的都不用担心，出门前，她给了我一个鼓励的拥抱。

阿尔曼夫妇后来不但成为我们忠实的广告客户，同时也是好朋友。我后来才知道，阿尔曼先生其实十分古道热肠，只要有人上门拉广告，他皆来者不拒。阿尔曼太太不希望他滥买广告，所以后来他才对谁都摇头。当时我如果消息灵通的话，就应该先找阿尔曼太太商量。小吧台旁的那番谈话改变了我后来的遭遇，我的广告事业越做越大，后来扩大到4家分公司，雇有员工285人，负责的广告案件多达4000件。

前一阵子阿尔曼先生装修店面，撤走了那个小吧台。我丈夫把吧台买来，摆在我的办公室里。每当有客人光临，我总爱请他们到小吧台旁坐坐，招待他们喝杯可乐，然后提醒他们千万别放弃，援手就在我们四周。

接着我会告诉他们，如果和别人沟通上困难，可以多去探听些消息，试着换一种方式，或是透过合适的第三者帮你转达想法。最后我会送上一句玛瑞亚饭店创始人比尔·玛瑞亚的金玉良言：

我永不遭遇过失败，

因我所碰到的都是暂时的挫折。

（桃蒂·华特丝）

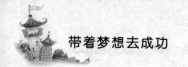

正视坎坷的人生

今天，我将爬出满是失败创伤的老茧，用爱来面对世界，重新开始新的生活。

两千年前，在今天阿拉伯地区的沙漠地带，有一个赶骆驼的男孩，名叫海菲。他最急切的愿望就是要改变他地位低下的生活，因为，他爱上了一位美丽的姑娘，而姑娘的父亲却富有而势利……

他的恳求获得了他的老板——大名鼎鼎的皮货商人柏萨罗的恩准。为了验证他的潜力，柏萨罗派他到一个名叫伯利恒的小镇去卖一件袍子。然而，他却失败了，因为出于一时的怜悯他把袍子送给了客栈附近山洞里一个需要取暖的新出生的婴儿。

海菲满是羞愧地回到皮货商那里，但有一颗明星却一直跟随着在他头顶上方闪烁。柏萨罗将这种现象解释为上帝的启示，于是，他给了男孩十道羊皮卷，那里面记载着震铄古今的商业大秘密，有实现男孩所有抱负所必需的智慧。

海菲怀揣着这十道羊皮卷，带着老板给他的一笔本金，离开了驼群，走向远方，正式开始了他独立谋生的推销生涯。

若干年后，这个男孩成为了一名富有的商人，并娶回了自己心爱的姑娘。他的成就在继续扩大，不久，一座浩大的商业王国在古阿拉伯半岛崛起……

熟悉以上这段文字的人都明白，这是一部奇书的故事梗概，它的名字叫《世界上最伟大的推销员》。作者奥格·曼狄诺，美国人，一位杰出的企业家、作家和演说家。

奥格·曼狄诺，1924年出生于美国东部的一个平民家庭，在28岁以前，他是幸运的，读完了学校课程，有了工作，并娶了妻子。但是后来面对世间的种种诱惑，由于自己愚昧无知和盲目冲动，他犯了一系列不可饶恕的错误，最终失去了自己一细宝贵的东西——家庭、房子和工作，几乎赤贫如洗。于是，他如盲人瞎马般，开始到处流浪，寻找自己、寻找赖以度日的种种答案。

两年后，在一次到教堂做弥撒的时候，他认识了一位受人尊敬的牧师。也许是由于他苍白的脸庞和忧郁的眼神，牧师同他展开了交谈，并解答了他提出的许多困扰人生的问题。临走的时候，牧师送给了他一部圣经；此外，还有一份书单，上面列着十一本书的书名。

从这一天开始，奥格·曼狄诺便天天到图书馆去，依照牧师开列的书单，他把十一本书一一找来细细地阅读，渐渐笼罩在心头那一片浓重的阴云褪去了，似一抹阳光照射进来，他激动万分，心潮澎湃，终于看到了希望。"我现在就付诸行动"！曼狄诺合上书本，从桌旁站起，眼睛中又重新闪烁出自信的光彩。"今天，我将爬出满是失败创伤的老茧，用爱来面对世界，重新开始新的生活。"

人是自然界最伟大的奇迹，一旦曼狄诺意识到自己的潜力，便焕发出前所未有的生活热情和勇气。遵循书中智者的教诲，他就像一位整装待发的水手手中持有了航海图，瞄准了目标，随时扬帆起程，越过汹涌的大海，抵达梦中的彼岸。

在以后的日子里，曼狄诺当过卖报人、公司推销员、业务经理……在这条他所选择的道路上，充满了机遇，也满含着辛酸，但他已不可战胜，因为，他掌握了人生的准则，上帝就在他的身旁。当遇到困难，甚至失败时，他都用书中的语言激励自己：坚持不懈，直至成功！就这样，一分一秒，一砖一瓦，他紧紧扼住生命的咽喉，控制着自己的情绪，用微笑来迎接每一天升起的朝阳，最大限度地实现自己的价值。终于，在35岁生日那一天，他创办了自己的企业——《成功无止境》杂志社，从此步入了富足、健康、快乐的乐园。

奥格·曼狄诺的成功为他带来了巨大的荣誉，共有六百多个广播和电视节目向他发出了邀请，他成为了美国家喻户晓的商界英雄。

就如所有伟大谦虚的人一样，曼狄诺没有就此止步，他是一名虔诚的基督徒，生命尚有一息，就要发出一分光与热，他开始著书立说。他也要像写出那十一本书的作者一样给世人们带去福音。

1968年，也就是曼狄诺在44岁时，他写出了《世界上最伟大的推销员》，这是一部伟大的作品，它凝结了作者一生的心血，该书一经问世，即以二十

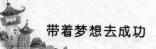

二种语言在世界各个国家出版，不仅仅是推销员，还包括社会各个阶层人士，都被这部作品充满魅力的风格深深吸引，人们争相阅读，截至1998年，该书在全球总销量达到一千八百万册。

凡读过此书，并对作者有所了解的人，都不难看出，海菲其实就是曼狄诺本人的化身，而牧师赠给他的十二本书，则是那十道充满神秘色彩的羊皮卷。曼迪诺的人生经历世仁感慨，如果他没有早年的坎坷，就不会有后来的成就。

不平凡的经历是人生的一笔财富。我们如果不能正视坎坷的人生，对生活充满热情，并勇敢面对，也就不能克服重重困难，从而成就辉煌的人生。

（严奉宪）

最优秀的是你自己

> 每个人都是最优秀的，差别就在于如何认识自己，如何让发掘和重用自己……

据说，苏格拉底在风烛残年之际，知道自己时日不多了，就想考验和点化一下他的那位平时看来很不错的助手。他把助手叫到床前说："我的蜡所剩不多了，得找另一根蜡接着点下去。你明白我的意思吗？"

"明白。"那位助手赶忙说，"您的思想光辉应该很好的传承下去……"

"可是，"苏格拉底慢悠悠的说，"我需要一位最优秀的传承着，他不但要有相当的智慧，还必须有充分的信心和非凡的勇气……这样的人选直到目前我还未见到，你帮我寻找和发掘一位好吗？"

"好的，好的。"助手很温顺很尊重的说，"我一定竭尽全力地去寻找，以不辜负您的栽培和信任。"苏格拉底笑了笑没再说什么。

那位忠诚而勤奋的助手，不辞辛苦地通过各种渠道开始四处寻找了，可是他领来一位又一位，总被苏格拉一一底婉言谢绝了。当那位助手再次无功而返地回到苏格拉底病床前时，病人膏盲的苏格拉底硬撑着做起来，扶着那位助手的肩膀说："真是辛苦你了，不过，你找来的那些人，其实还不如你……"

"我一定加倍努力，"助手言辞恳切地说，"找遍城乡各地，找遍五湖四海。我也要把最优秀的人选挖掘出来，举荐给您。"

苏格拉底笑笑，不再说话。

半年之后，苏格拉底眼看就要告别人世，最优秀的人选还是没有眉目。助手非常惭愧，泪流满面地坐在病床前，语气沉重地说："我真对不起您，令您失望了。"

"失望的是我，对不起的却是你自己。"

苏格拉底说到这里，很失望地闭上了眼睛，停顿了许久才又不误哀怨地说："本来，最优秀的就是你自己，只是你不敢相信你自己，才把自己给忽略，给耽误，给丢失了……其实，每个人都是最优秀的，差别就在于如何认识自己，如何让发掘和重用自己……"话没说完，一代哲人就永远离开了他曾经密切关注的这个世界。那位助手非常难过，甚至后悔，自责了整个后半生。

（佚名）

学着自己救自己

　　我是应该带着善心和信心回家的啊。不，是要把善心和信心珍藏在自己的心灵中……

　　曾经有一位商人做海上运输的生意。经过几年的辛苦努力，获得了不小的成功。他不但置办了房产，娶了一个漂亮的妻子，还建立了自己的船队，就在他踌躇满志想要大展宏图的时候，不幸发生了。在一次远洋运输途中，他的船队遇上了一起罕见的海洋大风暴，在经过一次又一次的殊死搏斗后，他的船队还是被无情的大海吞没了，只有他和几名船员侥幸被其他路过的船只救起，才算保住了性命。当时他想，无论如何我还有房产和妻子，还有个温暖的家在等待着我。这样想的时候仿佛减轻了一些他因为失去船队而引发的痛苦。但是当他急急忙忙赶回家后，看到的却是一片废墟。原来就在他在海上差点遇难的同时，他的家也被一场无情的大火化为灰烬。他那娇媚的妻子也葬身在这场大火之中。

接踵而至的灾难，使这位商人一病不起，他的一位好友将他接到了自己的家中，请医生治疗，又百般劝慰他。病情渐渐好转了，但商人却对什么都失去了信心，几乎成了一个废人。

一天商人在外面胡乱转悠时，不知不觉来的了一座寺院里。突然他的头脑里像闪电一样划过一道亮光。他早就听人说，这座寺院里的观音菩萨很灵验，有求必应。于是他用朋友给他的零用钱买了上好的香烛和供品，想求菩萨保佑他重建家业和事业。当他走进大殿的时候看到有一个人正跪在观音菩萨的座像面前，喃喃的祈祷着什么。他和那人并排着跪了下去，他用余光扫了一眼那人，觉得好眼熟。他又仔细看了一眼，这一看令他一下子惊呆了，原来跪在他身边的不是别人，正是观音菩萨。过了很久很久，商人才冲惊诧中清醒过来。他不明白观音菩萨怎么会自己来求自己呢？于是，商人试探着问："您是观音菩萨吗？"那人说："是。"商人又问："那您怎么会自己求自己呢？不是所有的人有时都求您吗？您……怎么会自己求自己呢？"商人有点语无伦次。观音菩萨并不看他，只是对他说："不错，世上的人有什么事情都来找我。可是，我自己有了事情又去求谁？就只好求我自己了。其实，你们向我请求帮助，也是在请求自己。因为我不可能满足芸芸众生的各种要求，我只能给你每人两样相同的东西，那就是善心和信心。有的人把善心和信心带回家，于是他们就如愿以偿，得到了他们想要的东西；而有些人就把我给他们的东西丢在了路上，于是，他们就什么也得不到……"

商人听着菩萨的话如在梦中，等他刚想在问什么的时候，身边的那个人已经不知去向。商人如梦游一样起身，惶惶忽忽的向大殿外走，不提防被门槛拌了一跤，重重的跌出门外，在殿外明媚的阳光下，商人完全清醒过来。他也和观音菩萨一样喃喃自语到："对啊，我是应该带着善心和信心回家的啊。不，是要把善心和信心珍藏在自己的心灵中……"

10年后，这位商人凭着关爱他人的善心和独立自主的信心终于重建了自己海上运输王国，规模是原本的几十倍。

（佚名）

自信的光彩由心底散发

只有自信与自尊，才能让我们感觉到自己的能力，其作用是其他任何东西都无法替代的。

有自信的人，就有努力向上的斗志，这样的人具有一种独特的魅力。因为他相信自己，因此在周围的人看来，他也值得信赖。

没有自信的人，不会得到别人的信任，当然别人也不会帮助他成功。自卑的人因为过分在意自己的软弱和缺点，没有努力向上的勇气，于是失去了感受美好世界的机会，而永远把自己"囚禁"在自认安全的角落。

伟人都拥有超乎常人的自信心。英国著名诗人华兹华斯毫不怀疑自己在文学上的地位，也乐于向人谈论这一点，甚至他还预见到自己将来的名声。凯撒大帝在一次海上航行时遭遇暴风雨，船长非常担心，这时凯撒说："担心什么？你是和凯撒在一起。"

命运为我们每一个人在社会上都安排好了位置，在到达这个位置之前，它总要让我们对未来充满希望。正是由于这个原因，那些雄心勃勃的人总是"自以为是"，甚至到了让人难以认同的地步，但这正是让他继续向前的动力。一个人的自信暗示着他将来会大有作为。

相信那些充满自信的人，是一种十分自然的想法。如果一个人怀疑自己的能力，那么，别人怎能不对他也产生怀疑呢？

对一个人来说，重要的是我们要能够说服他相信他自己的能力，如果做到这一点，那么他很快就会拥有无限的潜力。

"固然，谦逊是一种美德，人们越来越看重这种人格特质"，匈牙利民族解放运动的领袖科苏特说："但我们也不应该轻视自信的价值，它比任何个性都更能展现男人的气概。"英国历史学家弗劳德也说："一棵树如果要结出果实，必须先在土壤里扎根。同样，一个人需要学会只依赖自己，学会尊重自己，不接受他人的施舍，不等待命运的馈赠。只有这样的独立，才可能有所成就。"

年轻人应该培养自己的自尊自信，使自己即便从事别人认为"卑贱"的工作，人格也显得高贵，与各式各样的侮辱"绝缘"。

但是并非所有人都能够拥有自信，很多人终其一生，都不知自信为何物，浑浑噩噩地度日。因此要拥有自信的首要方法就是，你必须学着对自己宽容些。列出一张表格，上面写上你曾经顺利完成的事情，当你想到自己已完成的事情时，你也就对你的能力更有信心。只有失败者才会集中注意力在错误和缺点上。

自卑是人生最大的跨栏，每个人都必须成功跨越才能到达人生的顶峰。它常常在不经意间闯入我们的内心世界，控制我们的生活，在我们要向前迈进的时候，拉住我们的衣角。只有自信，才可以释放人的各种力量，让我们即使在挫折中也不会怀疑自己。

在你跨出第一步时，你就相信你会走；在你说出第一句话之前，你就相信自己会说：因为你先相信，所以你会去完成它。那么，让自信成为你灵魂里的一件普通"摆设"，你随时随地都会因为这件"摆设"而散发出亮丽的光彩。

麦克阿瑟将军在西点军校入学考试的前一晚心情紧张极了。他母亲对他说："如果你不紧张，你就会考取。你一定要相信自己，否则没人会相信你。要有自信，即使你没通过，但你知道自己已全力以赴了。"考试结束发榜后，麦克阿瑟名列第一。

当你相信自己能得到理想的成绩时，你不仅会充满自信，同时也会发现自信果真有助于你的表现。

依靠自己，相信自己，这是独立个性的一种重要成分，正是这种个性帮助那些参加奥运会的运动员们夺冠。所有的伟大人物，所有那些在世界历史上留下名声的伟人，都因为这个共同的特质而写下属于他们灿烂的一页。

只有自信与自尊，才能够让我们感觉到自己的能力，其作用是其他任何东西都无法替代的。而那些软弱无力、犹豫不决、凡事总是指望别人的人，正如莎士比亚所说，他们永远也无法体会自信者身上散发出的那种光芒。

（佚名）

改变自己才会获得快乐

他决定要有一个新的梦想，他要让自己梦想的东西恰恰就是他已拥有的东西。

从前有个男孩子住在山脚下的一幢大房子里。他喜欢动物、跑车与音乐。他爬树、游泳、踢球，喜欢漂亮孩子。他过着幸福的生活，

一天男孩对上帝说："我想了很久，我知道自己长大后需要什么。"

"你需要什么？"上帝问。

"我要住在一幢前面有门廊的大房子里，门前有两尊圣伯纳德的雕像，并有一个带后门的花园。我要娶一个高挑而美丽的女子为妻，她的性情温和，长着一头黑黑的长发，有一双蓝色的眼睛，会弹吉他，有着清亮的嗓音。我要有三个强壮的男孩，我们可以一起踢球。他们长大后，一个当科学家，一个做参议员，而最小的一个将是橄榄球队的四分卫。"

"我要成为航海、登山的冒险家，并在途中求助他人。我要有一辆红色的法拉利汽车，而且永远不需要搭送别人。"男孩继续说。

"听起来真是个美妙的梦想，"上帝说，"希望你的梦想能够实现。"

后来，有一天踢球时，男孩磕坏了膝盖。从此，他再也不能登山、爬树，更不用说去航海了。因此他去学商业经营管理，尔后经营医疗设备。

他娶了一位温柔美丽的女孩，长着黑黑、长长的头发，但她却不高，眼睛也不是蓝色的，而是褐色的。她不会弹吉他，甚至不会唱歌，却做得一手好菜，

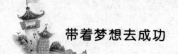

画得一手好花鸟画。因为要照顾生意，他住在市中心的高楼大厦里，从那儿可以看到蓝蓝的大海和闪烁的灯光。他的屋门前没有圣伯纳德的雕像，但他却养着一只长毛猫。他有三个美丽的女儿，坐在轮椅中的小女儿是最可爱的一个。三个女儿都非常爱她们的父亲。她们虽不能陪父亲踢球，但有时她们会一起去公园玩飞盘，而小女儿就坐在旁边的树下弹吉他，唱着动听而久萦于心的歌曲。

他过着富足、舒适的生活，但他却没有红色法拉利。有时他还要取送货物——甚至有些货物并不是他的。

一天早上醒来，他记起了多年前自己的梦想。"我很难过"，他对周围的人不停地诉说，抱怨他的梦想没能实现。他越说越难过，简直认为现在的这一切都是上帝同他开的玩笑。妻子、朋友们的劝说他一句也听不进去。

最后他终于悲伤得病倒并住进了医院。一天夜里所有人都回了家，病房中只留下护士。他对上帝说："还记得我是个小男孩时，对你讲述过我的梦想吗？"

"那是个可爱的梦想。"上帝说。

"你为什么不让我实现我的梦想？"他问。

"你已经实现了。"上帝说，"只是我想让你惊喜一下，给了一些你没有想到的东西。"

"我想你该注意到我给你的东西：一位温柔美丽的妻子，一份好工作，一处舒适的住所，三个可爱的女儿——这是个最佳的组合。"

"是的，"他打断了上帝的话，"但我以为你会把我真正希望得到的东西给我。"

"我也以为你会把我真正希望得到的东西给我。"上帝说。

"你希望得到什么？"他问。他从没想到上帝也会希望得到东西。

"我希望你能因为我给你的东西而快乐。"上帝说。

他在黑暗中静想了一夜。他决定要有一个新的梦想，他要让自己梦想的东西恰恰就是他已拥有的东西。

后来他康复出院，幸福地住在47层的公寓中，欣赏着孩子们的悦耳的声音、妻子深褐色的眼睛以及精美花鸟画。晚上他注视着大海，心满意足地看着万家灯火。

[美]洛伊·塞伯尔德

三棵树的愿望

在星期天早晨，当太阳升起，大地在它之下欢喜震动时，第三棵树知道神的爱改变了一切。

从前，在某个山岗上，三棵小树站在上面，梦想长大后的光景。

第一棵小树仰望天空，看着闪闪发光的繁星。"我要承载财宝，"它说，"要被黄金遮盖，载满宝石。我要成为世上最美丽的藏宝箱！"

第二棵小树低头看着流往大海的小溪。"我要成为坚固的船，"它说，"我要游遍四海，承载许多强大的国王，我将成为世上最坚固的船！"

第三棵小树看着山谷上面，以及在市镇里忙碌来往的男女，"我要长得够高大，以至人们抬头看我时，也将仰视天空，想到神的伟大，我将成为世上最高的树！"

许多年过去，经过日晒雨淋之后，小树皆已长大。

一天，伐木者们来到山上。

第一位伐木者看到第一棵树说："这一棵树很美，最合我意。"于是利斧一挥，第一棵树倒下了。

"我要成为一只美丽的藏宝箱，"第一棵树想，"我将承载财富。"

第二位伐木者看着第二棵树说："这一棵树很强壮，最合我意。"利斧一挥，第二橡树倒了下来。"现在我将邀游四海，"第二棵树想，"哦，将成为坚固的船，承载许多君王！"

当第三位伐木者朝第三棵树看时，它的心顿时下沉，它直立在那里，勇敢地指向天空。

但第三位伐木者根本不往上看。"任何树我都合用。"他自言自语地说。利斧一挥，第三棵树倒下来。

当伐木者把第一棵树带到木匠房里，它很高兴，但木匠准备做的不是藏宝箱。他那粗糙的双手把第一棵树造成一个给动物喂食的料槽。

　　曾经美丽的树本可承载黄金或宝石，但如今它被铺上木屑，里面装着给牲畜吃的干草。

　　第二棵树在伐木者把它带到造船厂时发出微笑，但当天造成的不是一条坚固的大船。反之，那一度强壮的树被做成一般的简单的渔船。

　　这条船太小也太脆弱，甚至不适合在河流上航行，它被带到一个湖里。每天它承载的均是气味四溢的死鱼。

　　第三棵树被伐木者砍成一根根坚固的木材，并且放在木材厂里，它心里困惑不已。

　　"到底是怎么一回事？"曾经高大的树自问，"我的志愿是站在高山上，指向神。"

　　许多昼夜过去，这三棵树都几乎忘记了它们的梦想。

　　一天晚上，当金色的星光倾注在第一棵树上面，一位少妇把她的婴孩放在料槽里。

　　"我希望能为他造一张摇床。"她的丈夫低声说。

　　母亲微笑着捏一捏他的手，星光照耀在那光滑坚固的木头上面。"这马槽很美。"她说。

　　忽然，第一棵树知道它承载着世上最大的财宝。

　　一天晚上，一位疲倦的旅客和他的朋友走上那旧渔船。当第二棵树安静地在湖面航行时，那旅客睡着了。

　　不久强烈的风暴开始侵袭。小树摇撼不已，它知自己无力在风浪中承载许多人到达彼岸。

　　疲倦的旅人醒过来，站着向前伸手说："安静下来。"风浪顿时止住如同起初一样。

　　忽然，第二棵树明白过来，它正承载着天地的君王。

　　星期五早上，第三棵树惊讶地发现它竟从被遗忘的木材堆中拉出来。它被带到一群愤怒揶揄的人群面前，它感到畏缩。当他们把一个男人钉在它上面时，它更是颤抖不已。

　　它感到丑陋、严酷、残忍。但在星期天早晨，当太阳升起，大地在它之下欢喜震动时，第三棵树知道神的爱改变了一切。

　　　　　　　　　　　　　　　　　　　　　（安吉·亨特李荷卿译）

在心田种上兰花

很多事和物是诱人的，也是无常的，我们绝不可因为执着贪爱而难以割舍。

"古意怜幽草"中的幽草，指的就是兰花。兰花，是自然之精灵，深山幽谷之中的兰花，清香淡雅，沁人肺腑，不以境寂而色逊，不因谷空而貌衰，堪称"空谷佳人"。

兰花开放，不为世俗，不为浮华，只为幽香。一朵花开的时间里，它安详而快乐，寂寞而精彩。自然之兰，没有鲜艳招摇的色泽，它以它的幽香，表达着不求闻达、独守高雅的精神。

以兰入画，寄托的是幽芳高洁的情操。元代郑所南画兰从不画根，呈飘浮状，人问其原因，他回答："国土已被番人夺去，我岂肯着地？""扬州八怪"之一郑板桥，注重师法自然，他嗜好画"乱如蓬"的山中野兰，曾自种兰花数十盆，常在三春之后将其移植到野石山阴之处，使其于来年成长，便于观其挺然直上之状，闻其浓郁纯正之香。清代画家李方膺画兰，以焦墨写兰叶，几丛幽兰，花叶纷披，纠缠错结，粗犷不羁之气充溢画面。现代著名画家潘天寿画兰，以骨气、骨力取胜，追求雄强、豪壮、气势、刚阳，渗透着时代气息。

文章写得好，被称为兰章；朋友以心相交，被称为兰友。兰花，是尘世间美好事物的象征。"秋兰兮清清，绿叶兮紫茎，满堂兮美人。"屈原用传神的笔描绘赞美兰花，让人领略了兰的美丽。"兰溪春尽碧泱泱，映水兰花雨发香。"杜牧笔下，清冽的兰溪河水与河边的兰花相映，散发出特有的幽香，细雨霏霏，朦胧淡雅。"谷深不见兰生处，追逐微风偶得之"。苏辙的诗句，意境深幽，颇蕴禅机。

古稀之年的父亲，在老家屋后辟了一方花圃，花圃里，种上了兰花。花圃里的兰花，都是从深山林壑寻觅所得。等到白的花、黄的花开了，圆润柔和、赏心悦目的花瓣，飘在一簇簇绿如翡翠的叶片上，花圃里就有清幽的香气飘起来，飘得房前屋后香气满满的，飘得人心馥郁。

正是兰花开放时节，我回乡下老家探望。进门后来到屋后花圃，见父亲正低头在那儿伺弄他心爱的花草。我走到一花架前，花架上，摆了几盆形态各异的兰花。怀着特有的好心情，我用手去触碰那油绿的叶片和美丽的花蕊，我甚至试探着去翻开黑黑的花土，想看兰花的根须长得什么样子。然而，一不小心，花架被我绊倒了，整架大大小小的兰盆在刹那之间哗啦啦掉下来摔得粉碎。

父亲听见声响，走了过来。看见碎了一地的花盆和兰花，心痛显而易见。但他见我不安的样子，反而安慰说："碎了就碎了，不必难过。我好种兰花，是因为它的幽香。你碰倒了它，也是因为它的幽香。真心爱它的话，将它种在心上才是最重要的。"

是啊，生而为人，并非每一样心爱的东西都可以长久拥有。尘世之间，很多事和物是诱人的，也是无常的，我们绝不可因为执着贪爱而难以割舍。事实上，美好的事物只有置于心中，才会天长，才会地久，才会永不止歇地散发尘世香醇。

（程应峰）

不怕跌跤

"我是一个活动家，"福特说，"活动家比任何人都容易跌跤。"

曾任美国总统的福特在大学里是一名橄榄球运动员，所以他在62岁入主白宫时，体型仍然非常挺拔结实。毫无疑问，他是自老罗斯福总统以来体格最为健壮的一位。当了总统以后，他仍继续滑雪、打高尔夫球和网球，而且擅长这几项运动。

1975年5月，他到奥地利访问，当飞机抵达萨尔茨堡，他走下弦梯时，皮鞋碰到一个隆起的地方，脚一滑就跌倒在跑道上。他跳了起来，没有受伤，但使他惊奇的是，记者们竟把他这次跌跤当成一项大新闻，大肆渲染起来。在同一天里，他又在丽希丹宫的被雨淋滑了的长梯上滑倒了两次，险些跌下来。随即一个奇妙的传说散播了开去：福特总统笨手笨脚，行动不灵敏。

自萨尔茨堡以后，福特每次跌跤或者撞伤头部或者跌倒雪地上，记者们总是添油加醋地把消息向世界报道。后来，竟然反过来，他不跌跤也变成新闻了。哥伦比亚广播公司曾这样报道说："我一直在等待着总统撞伤头部，或者扭伤脚踝，或者受点轻伤之类的来吸引读者。"记者们如此这般的渲染似乎想给人形成一种印象：福特总统是个行动笨拙的人。电视节目主持人还在电视中和福特总统开玩笑。喜剧演员切维·蔡斯甚至在"星期六现场直播"节目里模仿总统滑倒和跌跤的动作。

福特的新闻秘书朗·聂森对此提出抗议。他对记者们说："总统是健康而且优雅的，他可以说是我们能记得起的总统中身体最为健壮的一位。"

但福特对别人的玩笑总是一笑了之。"我是一个活动家，"福特说，"活动家比任何人都容易跌跤。"1976年3月里，他还在华盛顿广播电视记者协会年会上和切维·蔡斯同台表演过。节目开始，蔡斯先出场。当乐队奏起《向总统致敬》的乐曲时，他绊了一脚，跌倒在歌舞厅的地板上，从一端滑到另一端，头部撞到讲台上。此时，每个到场的人都捧腹大笑，福特也跟着笑了。

当轮到福特出场时，他站了起来，佯装被餐桌布缠住了，弄得碟子和银餐具纷纷落地，他装出要把演讲稿放在乐队指挥台上，可一不留心，稿纸掉了，撒得满地都是。众人哄堂大笑，他却满不在乎地说道："蔡斯先生，你是个非常、非常滑稽的演员。"

（佚名）

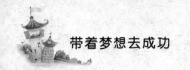

世界上最刺激的东西是什么

在这个世界上，信念是最神奇的力量，很多时候它比金钱和荣誉的刺激都有效！

一个法师与一座"空中梵阁"有什么关系呢？谁会料到一个普通的乡村法师在四十年的时间里，靠自己的双手开山凿壁，修建起一座宏伟的寺庙呢？

在福州市连江县的壶江村，有一个法号叫做释法妙的法师。在他20岁出头的时候，他做了一个奇怪的梦，梦境中他到了附近旗山的一个小山洞，里面一个中年人对他说了一番勉励的话。梦醒之后，他向熟悉地形的村民打听得知，旗山上确实有个白土洞，而且当地人笃信佛教，但苦于这里没有寺庙，外出礼佛得走上三天。释法妙决定到这座陡峭的山崖上修行，还要为这里的百姓修建一座寺庙。

遗憾的是，旗山的村民生活贫困，根本拿不出钱财来资助他。眼看自己的梦想越来越渺茫，释法妙心急如焚。在经过痛苦的抉择后，他感到求人不如求己，既然寻求不到帮助，那为什么不能靠自己的双手去建造呢？这不仅是给自己修行的机会，也可以造福当地村民。

村民听说释法妙要独自在白土洞建庙的消息后，虽然心存感激，可是对他一厢情愿的做法表示怀疑。一来白土洞山高坡陡，开山凿壁的施工难度大；二来释法妙没什么知名度，很难筹集到必需的资金和劳动力。释法妙没有被这些阻碍所吓倒，而是暗暗下决心，一定要在山上建好寺庙，让村民们不再为礼佛奔波劳累。

1966年夏季，释法妙在山上搭了一个竹棚，吃住都在竹棚里，每天天蒙蒙亮就背着榔头、锥子、镐头爬到白土洞。山岩非常陡，只能用手脚艰难地来攀爬。洞里的石头很坚硬，他用锥子一捶一捶地敲打岩块，将洞穴一尺一尺地凿深。洞穴悬空很高，凿下的废石料不少是直接滚到了山脚下。手掌上的水疱被挤出血丝，裸露的皮肤被太阳晒得发疼。有一次，他在施工时从七八米的高处摔下来，当场昏了过去，多亏村民发现了他，把他送下山，找医生救助才苏醒过来。伤略微好一些后，他又回到了山上。这些困难对于释法妙来说算不了什么，但最大问题是缺乏资金，他花光了所有的积蓄，但又始终不愿意伸手向别人要钱。一时间，流言蜚语传遍了乡里，有人说释法妙受了某种刺激，精神上出问题了；有人说他太迂腐，为了愚昧的村民耽误自己的修行；有人说他沽名钓誉，"醉翁之意不在酒"。而更多的人相信他是无法独立完成这个吃力不讨好的工程，一些好心人纷纷劝他放弃这个"愚蠢"的做法。他也曾因此有过痛苦与彷徨，甚至想到不干了，可是一觉醒来，他又想到不干太可惜了。"总不能让这个工程半途而废，那怎么对得起乡亲！"和往常一样，白天他是一个开山劈石的苦力，晚上他又是一个吃斋念佛的法师，他按照自己天马行空的思维来开凿自己的寺庙。

凿山的事一天没有完成，他一天也舍不得休息。经历整整十年，寺庙的雏形终于在释法妙手中完成了。每层建筑都巧妙地利用了山形地势，里面却如同迷宫般曲折幽深，"栏杆之外是绝壁，禅房就在山岩中"。此时，再也没有人讥笑释法妙是疯子了，因为大家都亲眼目睹了"空中梵阁"的庄严雄伟，也得到了政府部门的认可。

1980年，连江县宗教局正式将这座寺庙命名为明心寺。

此后的30年里，释法妙又倾力将寺庙修葺、扩大，自己动手打家具、做装饰，许多村民被他挑战自我的勇气和不屈不挠的精神所感动，纷纷投入到"愚公"行动中来，主动送来修建庙堂所要的石料、木料，帮着搭建房屋，打造器物。

2007年的春天，路过此地的一位外地游客无意间发现了这座"空中梵阁"，对释法妙四十年执著建庙的故事肃然起敬，为此他义务为"空中梵阁"向全国宣传，许多媒体都报道了"空中梵阁"的传奇，释法妙迅速成为知名人物，许多人都慕名前来参观明心寺。

现在，"空中梵阁"已成为当地新开发的景点，而年近70岁的释法妙并未就此停手，他还想要继续修缮明心寺，打算扩建车库、假山等建筑。曾有参观后的游人激动地感言："在这个世界上，信念是最神奇的力量，很多时候它比金钱和荣誉的刺激都有效！"是啊，只要心中坚持自己的信念，无论在

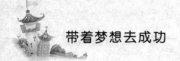

多么坚硬的石壁上，都能开凿出心灵的庙宇。据说，这也是许多人的参观心得。

（王伟）

没有一种草不是花朵

> 没有一种草是不会开花的，而每一种花朵也是一种草。

那时我们还居住在深山里的乡下，我还是十五六岁的孩子。春天，小草刚被融雪洗出它们嫩嫩的芽尖时，老师告诉我们，学校准备组织我们搭车到百里外的县城去参加作文竞赛。我们一听又兴奋又担忧，兴奋的是我们能够坐一大汽车去县城里看看，担忧的是，我们这群山里的孩子，作文能赛过城里的学生吗？

头发花白的老校长看出了我们的忧虑，他就说："你们常常上山下田，谁能说出一种不会开花的草？"

不会开花的草？蒲公英是会开花的，它的花朵金黄金黄的，秋天时结满了降落伞似的小绒球；汪汪的狗尾草也是会开花的，它狗尾巴似的绿穗穗就是它的花朵；就连那麦田里的荠荠草也是会开花的，它的花洁白洁白的，有米粒那么大，像早晨被太阳镀亮的一颗颗晶莹的露珠。我们想来想去，把每一种草都想遍了，可是谁也没有想出哪一种草是不会开花的。我们想了半天都摇摇头说："老师，没有一种草是不会开花的，所有的草都会开出自己的花朵。"

老校长笑了，说："是的，孩子们，每一种草都是一种花，栽在精美花盆里的花都是一种草，而生长在田地边和山野里的草也是一种花啊。不论生活在哪里，你们和其他人一样，都是一种草，也都是一种花。记住，没有一种草是不会开花的，而再美的花朵也是一种草！"

几十年过去了，当我从深山里的乡下走进都市里的大学，当我从乡下青年成为城市缤纷社会的一员，当我面对一束束流光溢彩的鲜花和一次次雷鸣般的掌声时，我从不自卑，也没有浮躁过。我总会想起老校长的那句话——没有一种草是不会开花的，而每一种花朵也是一种草。

（李雪峰）

自信的口红

> 她认可她不美的嘴，像一切爱美的女子那样爱惜它，并尽力打扮它美化它。

她是开出租车的。因为捕捉到医院里潜伏的商机，便整日在各病区转悠，按需接送那些进出医院的病人和家属。

她只不过是芸芸众生中的一分子，做着本分的生意，过着平凡的日子。但是，她的嘴巴总是将她从人堆里凸显出来。

其实细看她应该是不丑的，假如她的嘴巴也像常人那样，她便是个美人：杨柳小蛮腰，弯眉杏仁眼，即使谈不上风情万种也算是端庄秀丽……但是，那恼人的嘴巴啊，严重偏离正中线向一边歪斜着，她鹅蛋的脸也因此而扭曲变形。这扎眼的丑像一块磁石，一下子就吸住萍水相逢的眼，然后被惊诧、被怜悯、被叹息，甚至被嘲笑。

一丑遮百好。自卑一定在她心里疯长吧？仅仅一个掩面窃笑就能把脆弱刺出血了，更何况那些紧盯着的转不动身的好奇？

歪嘴的女子似乎无暇顾及这些，她每天都像蚂蚁一样忙碌着，迎来又送往。

人，还是活得简单一点好。像这位女子，什么也不想的时候，一切伤害都不存在了。我想她的快乐缘于她的简单。

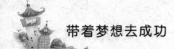
一天，看到她穿了一件碎花的连衣裙，迎面走来摇曳生姿，而更醒目的是，歪斜的嘴唇上涂上了鲜艳的口红！并不完美的朱红一下子撼住了自以为是的我，我呆立那儿，为自己结痂藏垢的内心羞愧异常……

对于自身的缺点，人们常常有三种处理方式：一种是自卑，整日活在缺陷的阴影里，抬不起头。一种是逃避，对缺陷讳莫如深，希望通过自己的忽略而形成别人的忽略。还有一种是所谓的"自信"，强悍的外壳下躲藏着一颗容不得半点伤害的心。

而这个女人的做法确实例外——认可！她认可她不美的嘴，像一切爱美的女子那样爱惜它，并尽力打扮它美化它。

如果不是内心存在足够的自信和坦然，谁能达到这样的境地？

（佚名）

收藏阳光

往事像落日映照的河面，我拣闪光的珍藏在心间。

从前，田野里住着田鼠一家。夏天快要过去了，他们开始收藏坚果、稻谷和其他食物，准备过冬。只有一只田鼠例外，他的名字叫做弗雷德里克。

"弗雷德里克，你怎么不干活呀？"其他田鼠问道。

"我在干活呀。"弗雷德里克回答。

"那么，你收藏什么东西呢？"

"我收藏阳光、颜色和单词。"

"什么？"其他田鼠吃了一惊，相互看了看，以为这是一个笑话，笑了起来。

弗雷德里克没有理会，继续工作。

冬季来了，天气变得很冷很冷。

其他田鼠想起了弗雷德里克，跑去问他："弗雷德里克，你打算怎么过冬呢，你收藏的东西呢?"

"你们先闭上眼睛。"弗雷德里克说。

田鼠们有点奇怪，却还是闭上了眼睛。

弗雷德里克拿出第一件收藏品，说："这是我收藏的阳光。"

昏暗的洞穴顿时变得晴朗，田鼠们感到很温暖。

他们又问："还有颜色呢?"

弗雷德里克开始描述红的花、绿的叶和黄的稻谷，说得那么生动，田鼠们仿佛真的看到了夏季田野的美丽景象。

他们又问："那么，你的那些单词呢?"

弗雷德里克于是讲了一个动人的故事，田鼠们听得入了迷。

最后，他们变得兴高采烈，雀跃欢呼："弗雷德里克，你真是一个诗人!"

——当我看到这个故事之前，我也很迷惑，因为在生活中遇到一些人和事情证明美善不一定战胜丑恶，一时也分不清内心与外界哪一个是正确的。

我的心随着故事渐渐起了变化。

——阳光、颜色和单词!

收藏阳光、颜色和单词，收藏夏季美丽的景象，好在严冬来临之际温暖自己的心房，这是多么简单的道理，却又多么实在!

人生如四季，也有阴晴圆缺，无论去到哪里，总难免有不愉快的事情。因此，对于生存，精神力量和物质储备同等重要。

——弗雷德里克和他的伙伴们在那个寒冷的冬天想起了夏季的美丽景象。

如果没有严冬，我们未必觉察夏季的可贵；如果没有小丑现形，我们未必看出谁是好朋友；如果田鼠们没有储藏粮食，就一定熬不过冬天；如果我们没有留心收藏快乐的片断，构筑坚实的精神防备，哪怕只是一次小小挫折，也足以让我们的内心世界冻结、枯萎。

——他们说这是个意大利寓言，我想起了一句相近的中文诗句：往事像落日映照的河面，我拣闪光的珍藏在心间。

(王尔山)

功到自然成

如果对生活没有足够的耐心和勇气，就连一杯看似普通的茶都能欺骗你。

那一天，我为家里的事情心烦得不得了，就打电话找一个老朋友大发牢骚。朋友沉默着，听着，等我发泄完了，她悠悠地说："来吧，我这里正有好茶，一起来喝，解解烦。"

坐在她那个被夕阳包裹得金灿灿的阳台，看太阳把西天染成一片华彩，任凉爽的风尽情地拂弄我的长发——我的心依然像一块沉重的石头。

这时，朋友拿出一个长方形的纸盒，里面有一个粗粗笨笨的小木盒，小木盒里装着一种看上去黑黑的、硬硬的如同羊粪蛋似的茶。只见她取出一小勺，放入她的宝贝紫砂壶里，倒入水。只有一分钟，她就把水倒入紫砂杯。我稍懂一些茶道，知道这第一道是洗茶，要倒掉的，于是，拿起杯子就要倒掉，她却阻止了我："按理说这第一道茶不该喝，但对你来说，这一杯茶却十分重要，你必须喝！"

我虽然不明白其中的奥妙，但看那小小的紫砂杯，里面盛的水没有一丝的颜色，心想：不就是一杯茶水？能奈我何？于是，十分豪气地一口吞下。

这是什么味道？我立刻从嘴里吐出来。"又苦又涩！哪里是茶？分明是劣质中药！"

朋友淡淡一笑，说："这茶的味道很是特别。你再喝第二遍，这次不要吐出来。"

她把第一遍的茶水倒掉，又冲入开水。又一分钟后，她请我喝。

我小心地抿了一口，这次不那么苦了，可还是有些涩。

朋友看我不再紧皱眉头了，笑着说："喝这茶不能急，要细细地品味，每一分钟的味道都不同，每一遍的味道也不同。"

朋友她不再说话了，只是每隔一分钟为茶壶注入一次开水，然后为我斟上，请我品味。我一点一点地喝，奇怪的是这茶水渐渐地有了青绿的颜色，在第六遍的时候，浓浓的清苦味过后竟出现一种甘甜。

我由衷地赞叹道："真好喝。是什么茶？"朋友说："是什么茶并不重要，重要的是这个。"她把那个装茶的木盒子让我看，只见盒盖上用红色写着一些小字："试一试你对人生能付出多少勇气和毅力：1分钟，味道真太糟糕！2分钟，又苦又涩！3分钟，忍耐一下不要急于放弃！4分钟，我们理解你的感受！5分钟，现在会有一些清香。6分钟，苦尽甘来，你尽可以开怀畅饮。"

我忙揭开壶盖看，只见茶叶从蜷缩的状态已经舒展开来，铺展在壶底，回想茶水的颜色由浅淡转而浓郁，那一刻，我的心中突然就悟了：如果对生活没有足够的耐心和勇气，就连一杯看似普通的茶都能欺骗你。就像我们平常人家的生活，平庸和苦涩下常有甜蜜和温情。只需要我们在必要的时候耐心一点，让自己心平气和下来，对自己多一些肯定，对生活多一些肯定，就会觉得事情远没有那么严重，就像这杯苦茶远没有那么苦涩一样。生活其实就像一杯茶呀！生活的初始就像刚刚冲泡的头一道茶，茶杯里每一片叶子都独自地在水底蜷伏着，茶的醇香也未能浸入水中。耐心等下去，茶叶才会舒展开，才会一片一片拥抱浸润它的水，茶水变得深邃而柔和，就像生活逐渐有了丰富的色彩。时间再久一点，经历了水乳交融，茶叶最终尽情漫游于壶底，于是一杯茶里你中有我，我中有你，彼此相依，绽放出恬淡的色彩。

"因为爱茶，我们才会为它忍耐这六分钟。为什么我们就不能为了我们自己，不能为了所爱的生活忍耐六分钟呢？"朋友的开导有的放矢，使我茅塞顿开。我笑自己一直幼稚地在生气的时候数到十，甚至数到过一百，但越数越气，却从来没有想过我数数不仅仅是要自己学会忍耐，而是因为心中的爱——对所爱的生活的爱，对自己的爱！

以后，我就学着做一位心中有爱的聪明人，为爱忍耐六分钟，就是想让无数平凡而琐碎的日子化作一片片茶叶，慢慢地沉入人生的杯底，倾吐出彼此原本的芬芳，温润着彼此的心田。

（杨阳）

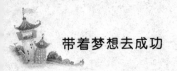

信念的力量有多么强大

　　金蒙特认识到活着的人只有两种选择：要么奋发向上，要么灰心丧气。她选择了奋发向上。

　　1955年，18岁的金蒙特已是全美国最受喜爱、最有名气的年轻滑雪运动员了，她的照片被用作《体育画报》杂志的封面。金蒙特踌躇满志，积极地为参加奥运会预选赛作准备，大家都认为她一定能成功。

　　她当时的生活目标就是得奥运会金牌。然而，1955年1月，一场悲剧使她的愿望成了泡影。在奥运会预选赛最后一轮比赛中，金蒙特沿着大雪覆盖的罗斯特利山坡开始下滑，没料到，这天的雪道特别滑，刚过几秒钟，便发生了一次意想不到的事故。她先是身子一歪，而后就失去了控制，像匹脱缰的野马，直往下冲。她竭力挣扎着想摆正姿势，可无济于事，一个个的筋斗把她无情地推下山坡。在场的人都睁大着眼紧张地注视着这一幕，心几乎提到了嗓子眼。

　　当她停下来时已昏迷了过去。人们立即把她送往医院抢救，虽然最终保住了性命，但她双肩以下的身体却永久性瘫痪了。金蒙特认识到活着的人只有两种选择：要么奋发向上，要么灰心丧气。她选择了奋发向上，因为她对自己的能力仍然坚信不疑。她千方百计使自己从失望的痛苦中摆脱出来，去从事一项有益于公从的事业，以建立自己新的生活。几年来，她整日和医院、手术室、理疗和轮椅打交道，病情时好时坏，但她从未放弃过对有意义的生活的不断追求。

　　历尽艰难，她学会了写字、打字、操纵轮椅、用特制汤匙进食。

　　她在加州大学洛杉矶分校选听了几门课程，想今后当一名教师。

　　想当教师，这可真有点不可思议，因为她既不会走路，又没受过师范训练。她向教育学院提出申请，但系主任、学校顾问和保健医生都认为她不适宜当教师。录用教师的标准之一是要能上下楼梯走到教室，可她做不到。

此时，金蒙特的信念就是要成为一名教师，任何困难都不能动摇她的决心。

1963年，她终于被华盛顿大学教育学院聘用。由于教学有方，很快受到了学生们的尊敬和爱戴。她教那些对学习不感兴趣、上课心不在焉的学生也很有办法。她向青年教师传授经验说："这些学生也有感兴趣的东西，只不过和大多数人的不一样罢了。"

金蒙特终于获得了教授阅读课的聘任书。她酷爱自己的工作，学生们也喜欢她，师生间互相帮助、互相进步。

后来，她父亲去世了，全家不得不搬到曾拒绝她当教师的加里福尼亚州去。

她向洛杉矶学校官员提出申请，可他们听说她是个"瘸子"就一口回绝了。金蒙特不是一个轻易就放弃努力的人，她决定向洛杉矶地区的九十个教学区逐一申请。在申请到第十八所学校时，已有三所学校表示愿意聘用她。学校对她要走的一些坡道进行了改造，以适于她的轮椅通行，这样，从家里坐轮椅到学校教书就不成问题了。另外，学校还破除了教师一定要站着授课的规定。

从此以后，她一直从事教师职业。暑假里她访问了印第安人的居民区，给那里的孩子补课。

从1955年到现在，很多年过去了，金蒙特从未得过奥运会的金牌，但她的确得了一块金牌，那是为了表彰她的教学成绩而授予她的。

吉尔·金蒙特对自己的信念改变了她整个生活的方向。

（佚名）

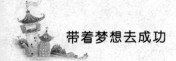
把劣势转化为优势

> 耳朵残废了，她就利用全身的感官来听——每一个毛孔，每一个细胞，全身的皮肤及神经都成了她的耳朵！

世界首位女打击乐独奏家伊芙琳·格兰妮说："从一开始我就决定：一定不要让任何困难阻止我成为一名音乐家。"

她成长在苏格兰东北部的一个农场，从8岁时她就开始学习钢琴。随着年龄的增长，她对音乐的热情与日俱增。但不幸的是，她的听力却在渐渐地下降，医生们断定是由于难以康复的神经疾病造成的，而且断定到12岁，她将彻底耳聋。

可是，她对音乐的热爱却从未停止过。

她的理想是成为打击乐独奏家。为了演奏，她学会了用不同的方法聆听其他人演奏音乐。她只穿长袜演奏，这样她就能通过她的身体和想象感觉到每个音符的震动，她几乎用她所有的感官来感受着她的整个声音世界。

她决心成为一名音乐家，于是她向伦敦著名的皇家音乐学院提出了申请。

因为以前从来没有这种事发生：让一个聋学生加入音乐学院！所以一些老师反对接收她入学。但是她的演奏征服了所有的老师，她顺利地入了学，并在毕业时荣获了学院的最高荣誉奖。

从那以后，她的目标就致力于成为第一位专职的打击乐独奏家，并且还谱写和改编了很多乐章，因为那时几乎没有专为打击乐而谱写的乐谱。

至今，她作为独奏家已经有十几年的时间了，因为她很早就下了决心，不会仅仅由于医生诊断她完全变聋而放弃追求，因为医生的诊断并不意味着她的热情和信心不会有结果。

我们都知道，伟大的音乐家贝多芬也是聋子，但稍有不同的是，他是成为音乐家以后才变聋的，所以，他可以更多地做些谱曲的工作。格兰妮却大大不同，她只是个想当音乐家的聋少女。她要练就一身超人的本领并进入皇家音乐学院学习，然后再去实现她成为一名音乐家的理想。

一般人认为，耳聋作为一种残疾不是不见特别残酷的事情，聋人还可以胜任很多职业，但肯定是一种工作是绝度无法胜任的：那就是音乐家。

从这个角度看，伊芙琳·格兰妮的自身条件与理想可谓水火不相融。可以说，她是走投无路。

耳朵残废了，她就利用全身的感官来听——每一个毛孔，每一个细胞，全身的皮肤及神经都成了她的耳朵！

她失去了一双真正的耳朵，却多了千千万万只辅助的耳朵。

她不但创造了音乐史上成功的范例，也创造了人体潜能发挥的奇迹。

（佚名）

每个人的能力是不一样的

　　每个人的能力都是不一样的，这方面差，在另一方面总会得到
补偿。

从幼稚圆开始，手工制作的课堂就是滋生我自卑情绪的土壤。

别人翻飞的指尖下，小猫小狗栩栩如生、跃跃欲试，而我却躲在角落里跟制作材料打架，使出的劲儿能牵回九牛二虎，就是不能把它们摆平……无数次伤心地问妈妈为什么，妈妈的回答总让我信心倍增："每个人的能力都是不一样的，这方面差，在另一方面总会得到补偿。大发明家爱迪生小时候的手工制作也很糟糕，甚至被称为笨孩子，可这一点也不影响他成为发明家。"是啊，我也有许多别人不及的优点：我会声情并茂地讲故事；还能搬很重的东西却坚持很长的时间……在妈妈的提醒下，我经常对自己有许多新的发现。

童年的时光是一列幸福快车，满载着了我的欢笑，也载满了父母对我的精心呵护——他们对我爱得多么小心翼翼，好象我是一个泥娃娃，不小心就会跌破一样。

进入中学，苦恼多是来自那可憎的体育课。许多锻炼项目都折磨着我还不太成熟的内心，它们象班上那些喜欢嘲笑弱者的男孩，一倍倍地笑着胆怯的我："笨！笨！笨！"有一天那个黑脸的体育老师终于发怒了，因为我怎么也完成不了那个"前翻滚"，他生气地喝道："站一边看别人怎么做！"然后，在我低垂的眼帘下同学们一个接一个地轻松翻滚，象一只只快乐的小皮球，而我……我的脸羞愧得能滴出水来！

那一天是怎么回家的，已然不记得，脑海充斥着通天的绝望和自责。一见到爸爸，立即扑进了他的怀里。抹着我淌不完的泪水，爸爸的眼圈也红了，他翕动着大鼻孔向我道歉："都是爸爸不好，是爸爸把这些缺点遗传给你了……""遗传？"我已经顾不上流泪，"爸爸，你也这样吗？""是啊，不信，你瞧……"说着爸爸就做"前翻滚"的动作，笨拙得象只老乌龟四仰八叉着怎么也站不起来，我扑哧一声乐了，那么优秀的爸爸也有弱项！

第二天是妈妈陪我去的学校，她说要找教体育的马老师谈谈。

我害怕妈妈会责怪马老师："妈妈，不怪老师着急的，我太笨了。"妈妈笑了："我不是去责难老师的。我只想去告诉他，你某些动作比别的孩子稍差一点，你会慢慢赶上别人的，让他别着急。例外，你并不笨，不是说过吗，人总有优点和缺点，而你恰恰在拿自己的缺点和别人的优点比，当然会痛哭流涕了。"妈妈的一番话说得我不好意思起来。

从此，体育课上碰到我做不好的动作，马老师再也不强求，这让我又恢复了从前的快乐。

如果不是那次我突兀地闯进老师的办公室，也许我的生活会一直平静如水。

那天，我送迟交的作业本到办公室，走到门外，听见马老师提到了我的名字："袁源啊，你不知道吗？她小时侯被诊断为脑瘫！""脑瘫不是一种很严重的智力疾病吗？我看她的智力还可以……"是语文老师的声音。"她是轻微的，主要表现为动作方面的缺陷，我原来不知，是听她妈妈讲的……"

一下子，眼前的一切全模糊了，林立的教学楼、精致的石雕、以及老师刀子一样咯吱吱的声音，它们飘渺得象阵烟雾若有若无，可是内心的剧痛却提醒着我一切都真实的存在！艰难地隐进那片小树林，我终于"哇"地哭出声来……

袁源——脑瘫！

怎么也不知道这两个词发生着致命的关联，难怪家里有那么多那么多关于脑瘫的书！描绘在书里的是一些什么样的人啊，残疾、弱智甚至痴呆！幼稚的我还经常把它们拿出来翻翻，满足着一种事不关己的好奇，而现在才知，里面写得满满的，画得重重叠叠的——全是我！而我活在父母的谎言中，依然兴高采烈……难怪我总是比别人笨拙，难怪体育老师不再强求我完成动作，原来他们早就知道我是个低能儿！

一股蓄积已久的力量促使我狂奔起来。泪水纷飞中，我居然闯过了一路的红灯绿灯人流车流。我要远离学校，远离人群，远离这个嘲弄我的世界，我要钻进自己的房间，永远也不出来，永远！

紧闭的房门拦截着外面惶惑的父母。我倔强地躺在床上，听任他们千呼万唤。

最后爸爸撞开了房门，他恼怒地拉起床上的我："听着，源源，无论发生什么事，你也不要把父母拒之门外！""我是脑瘫患者，我做出什么事，你们也不要奇怪！"眼泪又一次象断了线的珠子，一颗接一颗地滚落，妈妈一把搂过我，惊恐万状："源源，你是听谁说的？""你们骗了我十五年，你们还想骗我多长时间？原来我是弱智，怪不得体育课我上的那么艰难……"伤心、绝望，象波涛一样在内心翻滚尔后"哗"地顶开了闸门，我伏在妈妈的怀里哭得天昏地暗："妈妈，为什么会这样？为什么？为什么？！"妈妈抱着颤抖的我哽咽着无言以对。

痛哭之后，我终于疲倦地睡着了。

睁开眼的时候，已经是一个清新明媚的早晨，妈妈坐在我的床边，爸爸在房间里踱着步……他们守了我一夜。

看到我醒来，妈妈扶起了我："源源，我们要振作起来，不能被自己打倒。孩子，去洗脸刷牙吧，把你漂亮脸蛋收拾干净！"我一向是听话的孩子，于是顺从地走进洗漱间。收拾完毕，爸爸握住我的手："源源，你长大了，许多事应该告诉你了。"我看看妈妈，她也是一脸的庄重，"你是脑瘫。从小爸妈就带你四处求医，才解决了你走路的难题，但精细动作总不尽人宜，但我和你妈妈都很满足了，因为和严重的患儿相比我们是多么幸运。为了保护你的自尊，为了不让你成为别人嘲笑的话题，我么一直保守着这个秘密……这样做是不想让病魔在你心理留下任何阴影。你的确如我们所期盼，活得很快乐……"

爸爸走到窗边深吸了一口气，然后猛地回过头来，象下了一个很大的决心："爸爸还要告诉你一个秘密，爸爸也是脑瘫！"他盯住我的无比惊讶，"也许你认为怎么这么凑巧？对，上天就安排得这么巧。爸爸之所以告诉你这个秘密，是想向你证明，脑瘫患者也可以活得很精彩。"是的，爸爸活得很精彩，在商场上叱咤风云，对一千多名员工指挥若定。可我对他的说法很怀疑，也许这只不过是美丽的谎言只是为了找回我的自信？妈妈看到了我眼里的疑惑："细细看你就会发现，爸爸走路脚是踮着的，为此他曾经很苦恼。""是的，我曾经很绝望，象你现在一样。后来我发现，当我忽略了自己的缺点，别人也就不会在意！"细看下来，爸爸确实踮着脚走路。乡下的奶奶也打来电话，说爸爸那时的症状比我严重得多……

像行走在小说里，一切都是那么曲折离奇，我不得不静下心来整理自己纷乱的思绪。那天我得出了这样的结论：扬长避短，我也会象爸爸那样成功；在奋斗面前，脑瘫也不过是只纸老虎！

经过这场风波的洗礼我一下子成熟了许多，生活的道路上我重拾起自己的自信艰难前行。然后摘取了一串串硕果：考上了理想中的大学；拿到了不少论文获讲证书；我的演讲总会引起小小的轰动……在父母的支撑下，我的人生不很顺利却很精彩。

工作了，所在单位离姑妈家最近，所以那里成为我改善伙食的去所。

一次无事和姑妈闲聊，我谈到爸爸的脑瘫，她惊疑地笑了起来："你爸？什么病也没有，小时侯可顽皮了！""那为什么爸爸走路总有点踮脚，那可是脑瘫的症状。""他踮脚吗？不可能！不过他学踮脚尖走路倒学得蛮象的，他那个摸样最笑人了！"姑妈沉浸在往事里，而我却怔在姑妈的笑容中……

我终于体会到父母的良苦用心，他们用谎言的剪刀一次次地修剪掉我生命树上自卑的枝条，所以我的自信才得以在阳光下恣意伸展。感激父母，但我得发伊妹儿给父亲，告诉他在下次见到我的时候不必再踮着脚走路……

（佚名）

第二辑　人生如水

人生如水，我们既要尽力适应环境，也要努力改变环境，实现自我。我们应该多一点任性，能够在必要的时候弯一弯，转一转，因为太坚硬容易折断。惟有那些不只是坚硬，而更多一些柔韧，弹性的人，才可以克服更多的困难，战胜更多的挫折。

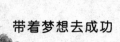

不为自己的选择后悔

　　1859年，达尔文出版了《物种起源》。这一著作终结了上帝创造人类的神话，为人类的思想解放开辟了新纪元。

　　达尔文是一个从不为自己的选择后悔的人，他出生于英国施鲁斯伯里镇的一个医生家庭，家里希望他继承祖业，因此16岁时他便被父亲送到爱丁堡大学学医。

　　可达尔文无意学医，在爱丁堡度过了两年的休闲时光后，达尔文的父亲觉得不能让他再不务正业下去，于是在1828年又送他到剑桥大学，改学神学。达尔文谨遵父命开始阅读《皮尔逊论教义》等神学典籍，却发现要把自己无法了解也难以理解的东西，硬要让自己相信，非常不合逻辑。就这样，本着"爱父但更爱真理"的态度，达尔文最终没有信奉上帝。

　　可以说，达尔文一生中最重要的转折就发生在剑桥大学。在剑桥期间，他结识了当时著名的植物学家亨斯洛和著名地质学家席基威克。亨斯洛循循善诱，使达尔文逐渐确立在科学研究上的信念，完全放弃神学并接受了植物学和地质学研究的科学训练。

　　1831年，达尔文从剑桥大学毕业后，自费参加了一次环绕世界的科学考察航行。正如达尔文自己所说："贝格尔舰的航行，是我一生中最重大的事件；它决定了我此后全部事业的道路。"他们先在南美洲东海岸的巴西、阿根廷等地和西海岸及相邻的岛屿上考察，然后跨越太平洋至大洋洲，继而越过印度洋到达南非，再绕过好望角经大西洋回到巴西，最后于1836年10月2日返抵英国。这次航海彻底改变了达尔文的生活。达尔文从这次航行中总结出了一条经验并终生奉行：勤奋和对自己所研究的任何事物的专心致志。这一习惯使他在科学研究方面做出了骄人的成绩。

　　航行结束后，达尔文内心有许多想法涌现，加上没有结婚，单身汉的活力促成了大量研究成果发表，1837年7月达尔文开始写作《第一本笔记》，其内容就是后来《物种起源》一书的原始事实材料。

1859年，达尔文出版了《物种起源》。这一著作终结了上帝创造人类的神话，为人类的思想解放开辟了新纪元。

（佚名）

走进别人心里

　　　　心理学家作为被邀请的贵宾，参加了他们的婚礼。望着幸福的新娘，人们都说心理学家创造了一个奇迹。

几十年前，纽约北郊曾住着一位姑娘名叫艾米丽，她自怨自艾，认定自己的理想永远实现不了。她的理想也就是每一位妙龄姑娘的理想：跟意中人——一位潇洒的白马王子结婚，白头偕老。艾米丽整天梦想着，可周围的姑娘们都先后成家了，她成了大龄女青年，她认为自己的梦想永远不可能实现了。

在一个雨天的下午，艾米丽在家人的劝说下去找一位著名的心理学家。握手的时候，她那冰凉的手指让人心颤，还有那凄怨的眼神，如同坟墓中飘出的声音，苍白憔悴的面孔，都在向心理学家说：我是无望的了，你会有什么办法呢？

心理学家沉思良久，然后说道："艾米丽，我想请你帮我一个忙，我真的很需要你的帮忙，可以吗？"

艾米丽将信将疑地点了点头。

"是这样的。我家要在星期二开个晚会，但我妻子一个人忙不过来，你来帮我招呼客人。明天一早，你先去买一套新衣服，不过你不要自己挑，你只问店员，按她的主意买。然后去做个发型，同样按理发师的意见办，听好心人的意见是有益的。"

接着，心理学家说："到我家来的客人很多，但互相认识的人不多，你要帮我主动去招呼客人，说是代表我欢迎他们，要注意帮助他们，特别是那些显得孤单的人。我需要你帮助我照料每一个客人，你明白了吗？"

艾米丽一脸不安，心理学家又鼓励她说："没关系，其实很简单。比如说，看谁没咖啡就端一杯，要是太闷热了，开开窗户什么的。"艾米丽终于同意一试。

星期二这天，艾米丽发式得体，衣衫合身，来到了晚会上。按着心理学家的要求，她尽职尽力，只想着帮助别人。她眼神活泼，笑容可掬，完全忘掉了自己的心事，成了晚会上最受欢迎的人。晚会结束后，有三个青年都提出要送她回家。

一个星期又一个星期，三个青年热烈地追求着艾米丽，她最终答应了其中一位的求婚。心理学家作为被邀请的贵宾，参加了他们的婚礼。望着幸福的新娘，人们都说心理学家创造了一个奇迹。

（佚名）

豪华的旅程

侍者接过船票，拿出笔来，在船票背面的许多空格中，划去一格。同时惊讶地问："老先生，您上船以后，从未消费过吗？"

一对老夫妇省吃俭用地将四个孩子扶养长大，岁月匆匆，他们结婚已有50年了。拥有极佳收入的孩子们正秘密商议着要送给父母什么样的金婚礼物。

由于老夫妇喜欢携手到海边享受夕阳余晖，孩子们决定送给父母最豪华的爱之船旅游航程，好让老两口尽情徜徉于大海的旖旎风情之中。

老夫妇带着头等舱的船票登上豪华游轮，可以容纳数千人的大船令他们赞叹不已。而船上更有游泳池、豪华夜总会、电影院、赌场、浴室等，真令他们俩目接不暇、惊喜无限。

唯一美中不足的是，各项豪华设备的费用都十分昂贵，节省的老夫妇盘算自己不多的旅费，细想之下，实在舍不得轻易去消费。他们只得在头等舱中安享五星级的套房设备，或流连在甲板上，欣赏海面的风光。

幸而他们怕船上伙食不合口味，随身带有一箱方便面，既然吃不起船上豪华餐厅的精致餐饮，只好以泡面充饥，如想变换口味，吃吃西餐，便到船上的商店买些西点面包、牛奶果腹。

到了航程的最后一夜，老先生想想，若回到家后，亲友邻居问起船上餐饮如何，而自己竟答不上来，也是说不过去，和太太商量后，索性狠下心来，决定在晚餐时间到船上的餐厅去用餐，反正也是最后一餐，明天即是航程的终点，也不怕挥霍。

在音乐及烛光的烘托之下，欢度金婚纪念的老夫妇仿若回到初恋时的快乐。在举杯畅饮的笑声中，用餐时间已近尾声，老先生意犹未尽地招徕侍者结账。

侍者很有礼貌地问老先生："能不能让我看一看您的船票？"

老先生闻言不由生气："我又不是偷渡上船的，吃顿饭还得看船票——"嘟囔中，他拿出船票扔在桌上。

侍者接过船票，拿出笔来，在船票背面的许多空格中，划去一格。同时惊讶地问："老先生，您上船以后，从未消费过吗？"

老先生更是生气："我消不消费，关你什么事。"

侍者耐心地将船票递过去，解释道："这是头等舱的船票，航程中船上所有的消费项目，包括餐饮、夜总会以及赌场的筹码，都已经包括在船票售价内，您每次消费，只需出示船票，由我们在背后空格注销即可。老先生您——"

老夫妇想起航程中每天所吃的泡面，而明天即将下船，不禁相对默然。

（佚名）

51

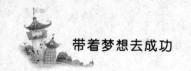
白白浪费掉的机会

　　神仙接着说："我的朋友啊，她本来就该是你的妻子，你们还会有三个聪明可爱的孩子，如果能跟她在一起，那你的人生将会增添许多快乐。"

　　有一个人，每天晚上都虔诚地祈祷神仙保佑他的一生。他的虔诚感动了神仙，于是下凡来会见他。这个神仙告诉他说，不久就会有一件大事发生在你身上，你将有机会得到他会一笔很大的财富，还会拥有显赫的社会地位，得到人们的尊重，并且还会娶到一个漂亮的妻子。

　　这个人高兴极了，他为神仙终于能给自己这样的恩赐而兴奋不已。于是他什么也不干了，专心在家等待这个奇迹的降临，接受神仙给他的承诺。可是几十年过去了，什么事情都没有发生，他不仅没有得到钱，反而更穷了。就这样潦倒地度过了他的一生，最后孤独地老死在自己的破房子里。当他死后，又看见了那个神仙，他很气愤，责怪神仙说："你说过要给我财富、显赫的社会地位和漂亮的妻子，我等了一辈子，却什么也没有，你这个骗人的家伙。"

　　神仙回答他："我可没说过那种话。我只承诺过要给你一个得到财富、受人尊重的社会地位和一个漂亮的妻子的机会，可是你从来没把握住这些机会，让他们从你身边白白溜走了，难道你还要埋怨我吗？""我不明白你的意思。"这个人很迷惑，他从来不知道有这样的机会。神仙回答道："你记不记得有一次你曾经想到了一个赚钱的好点子。但是因为害怕失败你并没有去尝试着去做？"这个人点点头。

　　神仙继续说："这就使你失去了一个成为有钱人的机会。几年以后这个点子被另外一个人想到了，他并没有什么顾虑就大胆地去做了，现在他成了全国最有钱的人。这你可怪不到我。""那我的社会地位呢？我可不记得有人邀请我参加过什么上流社会的宴会。"这个人还是不肯放过神仙。"哎呀!"神仙有些无奈了，"你记得得几十年前那场大地震吧。那时候城里大半的房子都毁了，很多人被困在废墟里，大家都忙着去拯救还有希望生存的人，可你呢? 还用我说你在干什么吗?"那人的脸红了，神仙继续说: "当时你的房子并没有受到损害，但是你害怕如果自己出去救人会有小偷趁你不在进行偷窃，因此你就以这个为借口，没有去抢救那些需要你帮助的人，而是守在自己的房子里，看着自己家里的东西。"这个人不好意思地点点头。

神仙说: "如果那次你去拯救那几百个人，就可以使你在城里得到多大的尊崇和荣耀啊!"那人又想问自己为什么没有漂亮的老婆，可是他不好意思开口。神仙看出了他的窘相。

"还有，"神仙继续说，"你记不记得在集市上你曾经遇见过一个黑发女子，她身姿婀娜，美丽的脸庞如天上的月亮，强烈地吸引着你的心，你几乎马上就要向她求爱了。可是你退缩了，因为你害怕像她条件这么好的女人一定会拒绝你。就这样，你眼睁睁的看着三个机会从你身边溜走了。"

这个人又点点头，流下了悔恨的泪水。

神仙接着说: "我的朋友啊，她本来就该是你的妻子，你们还会有三个聪明可爱的孩子，如果能跟她在一起，那你的人生将会增添许多快乐。"

(佚名)

隐藏起来的微笑

所有人都会微笑，只不过有些人把笑容隐藏起来了而已。因此，我对约瑟爷爷微笑，约瑟爷爷也对我微笑。微笑是可以互相感染的。

在一个小镇上，有一个很大的花园，里面栽着许多繁茂的桃树，每年都会结出全镇最大最甜的桃子。但是，全镇的人都知道，那个花园的主人是约瑟，一个脾气非常坏的老头。他家的桃子可摘不得，哪怕是掉在地上的也不能去捡，否则就会遭到他粗暴的打骂。所以大家从来不称他为"约瑟爷爷"，而是直接称他为"老约瑟"。

一个星期天的上午，小男孩哈瑞克到他的同学威廉家去，打算和威廉一起去体育馆打羽毛球。去体育馆，必须要从老约瑟家的门前经过。当哈瑞克和威廉走到老约瑟家附近时，威廉看见老约瑟正坐在家门口晒太阳，于是建议走马路的另一边。

但是哈瑞克不同意，他说："别担心，约瑟爷爷是不会伤害任何人的，跟着我来吧。"威廉还是非常害怕，每向老约瑟家的门口走近一步，心跳就会加快一分。当他们走到老约瑟家门前时，老约瑟下意识地抬起了头，像往常一样紧锁着眉头，注视着眼前的不速之客。当他看到是哈瑞克时，原本紧绷着的脸顿时绽开了灿烂的笑容。

"哦，你好啊，哈瑞克，"他说，"你和这位小朋友要去哪里啊？"

哈瑞克也对他报以微笑，回答说："我们要一起去打羽毛球。"

老约瑟说："这听起来真是不错，你们稍等一会儿，我马上就来。"

不一会儿，他就从院子里拿出两个桃子，给他们每人一个。"这是我刚从树上摘下来的，甜着呢。快吃吧！"两个小男孩接过红红的桃子，心里高兴极了。

和约瑟爷爷告别之后，哈瑞克解释说："其实，我第一次从约瑟爷爷家门前经过的时候，发现他真的像人们传说的那样，一点儿也不友好，让我感到非常害怕。但是，我却在心里告诉自己，约瑟爷爷是面带微笑的，只不过他把那微笑隐藏起来了，别人看不见而已。所以，只要看到约瑟爷爷，我都会对他报以微笑。终于有一天，约瑟爷爷也对我微笑了一下。又过了一些时候，约瑟爷爷真的开始对我微笑了，那是一种发自内心的笑容；不仅如此，约瑟爷爷竟然还开始和我说话了。随着时间的推移，我们谈的话越来越多，我知道他还有一个儿子在很远的城市工作，并不经常回来，平时没有人跟他说话，他很孤独，所以脾气才会那么坏。"

听完哈瑞克的叙述，威廉问道："隐藏起来的微笑？"

"是的，"哈瑞克答道，"我爷爷曾经告诉过我说，所有人都会微笑，只不过有些人把笑容隐藏起来了而已。因此，我对约瑟爷爷微笑，约瑟爷爷也对我微笑。微笑是可以互相感染的。"

（佚名）

珍惜拥有的一切

　　我在自己的洗手间里写上了一句话，每天早上刮胡子的时候都念它一遍：我闷闷不乐，因为我少了一双鞋，直到我在街上，见到有人缺了两条腿。

　　国内一所著名的大学，邀请一位教授去那里为学生们做关于增强学生自信的演讲。这位教授曾经身无分文，甚至想到过自杀，但是现在他成了著名的讲师。他给学生们讲了一件影响他一生的事情。

　　"我曾经是一个多愁善感的人，而且对周围的一切人和事物都很悲观。"他说道，"但是，一个初春的上午，当我走过著名的果戈理大街时，我的生命就在那时发生了转折。"也就是十几秒的工夫，让我对生命的意义有了全新的诠释，比我这十几年来得到的还要多。两年前，我在这个城市开了一家杂货店，由于我不善经营，不仅赔光了所有的积蓄还欠了银行很多债务，估计十年才能偿还得完。我几乎绝望了，周末我刚刚结束了店铺的营业，准备去银行贷点款作为日常的费用，关了杂货店，然后出去找一份工作。这时候我已经对生活完全是失去了信心和斗志，根本就是在混日子，仿佛在期盼死亡的降临。

　　"突然，我看到一个人从对面的街口走过来，不能说是走，那个人没有双腿，坐在一块安着溜冰鞋滑轮的小木板上，两只手用木棍撑着向前艰难的一步步地挪动。他过了马路，经过我面前，就在那几秒钟，我们的目光相遇了，我想自己此刻一定狼狈极了。那个人居然冲我微微一笑，很有精神地向我打招呼：'早上好，先生，今天的天气真好啊！'我望着他，有一瞬间几乎停止

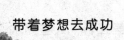
了呼吸。我突然体会到自己是何等的富有。我的双腿健康，可以自由行走，可以随意去任何地方，做我喜欢的事情。我为什么还要在这里怨天尤人？这个人缺了双腿仍能快乐自信地生活，我这个四肢健全的人难道还不能吗？我挺了挺胸膛。结果我很顺利地贷到了款，还找到了一份不错的工作。如今我用自己赚来的钱又盘下了我那个杂货店，并把它经营得红红火火。

"现在，我最大的爱好就是在业余时间为需要帮助的人上课，让他们时刻充满自信。我在自己的洗手间里写上了一句话，每天早上刮胡子的时候都念它一遍：我闷闷不乐，因为我少了一双鞋，直到我在街上，见到有人缺了两条腿。"

（佚名）

登上"吉尼斯"的破产者

实际上，凯文宣称要成为一个东山再起的冠军，这使他不仅要建造一些伟大、新兴、辉煌的事业大厦，更主要的是他必须从父亲所筑下的失败与耻辱的地狱里爬出来。

凯文·马克斯威尔的孩子们为他们的爸爸是世界纪录的创造者而自豪，只是凯文的孩子们未能领会到他们的爸爸是因为什么而登上《吉尼斯》的。以下是《吉尼斯》的记载：

1992年9月3日，报业继承人凯文·马克斯威尔在其父罗伯特·马克斯威尔死后，成为了全世界最大的破产者。

凯文的全部麻烦起始于1991年11月的一个早晨，当时他的父亲媒体大亨罗伯特·马克斯威尔从他的游艇上落入了大海。

人们或许有理由说凯文的麻烦开始于他的父亲完蛋的那一刻，他继承了罗伯特·马克斯威尔的耻辱以及44亿美元的债务。

人们在北大西洋上发现了罗伯特·马克斯威尔仰面朝天、一丝不挂地漂浮在水面上的尸体，这使得他死后同他生前一样声名狼藉。起初的证据表明是心脏病突发致死而非溺死，但这绝不是结论性的证据。后来，凯文发表声明，称他的父亲是在醉酒后站在船边失脚落水致死的。

有的意见却认为罗伯特·马克斯威尔身上撕裂的皮肉表明曾经有过打斗。到了最后，被公众接受的最普遍的论点乃是罗伯特·马克斯威尔纯粹是自杀。

就在罗伯特死前的几个月里，他的媒体帝国债台高筑，摇摇欲坠，濒临倒塌，再也无力支持泰山似的重债。

现在，所有的眼睛都在盯着凯文。

实际上，凯文宣称要成为一个东山再起的冠军，这使他不仅要建造一些伟大、新兴、辉煌的事业大厦，更主要的是他必须从父亲所筑下的失败与耻辱的地狱里爬出来。

当罗伯特·马克斯威尔的尸体被确认无误时，凯文哭了起来，对这个沉默稳重的年轻人来说，这是一种少见的情感表露。然后，他擦干眼泪，担任马克斯威尔通信公司的董事长，他的哥哥伊恩则掌管《镜报》集团。兄弟俩肩并肩、手挽手地面对着电视台的摄像机。两个儿子都公开发誓要继续下去，让经营始终保持一个惊人的势头。

这是他们在罗伯特·马克斯威尔死后的第一次表态，许多人都把这归之于凯文·马克斯威尔非凡的沉着与镇定。但最权威的说法来自凯文的妻子，她说凯文是一个"善于隐藏真实感情的大师。"

仅仅在一个多月之后，不管马克斯威尔怎样努力，马氏帝国在负债44亿美元的重压下终于倒塌，而且，有证据显示，在罗伯特·马克斯威尔为解救他的私人帝国而狂热地骗取的资产中有他的雇员们的养老基金。

在大多数观察家看来，似乎老马克斯威尔是有意盗窃3万多员工的养老金来使自己肥上添膘。股东们摩拳擦掌，雇员们为养老金而忧心忡忡，伊恩，尤其是凯文则惶惶不可终日地担心法律制裁。谁都会自然而然地想到，作为马氏帝国的少东家，在其父的恶行里，理所当然也有他们的一份！

当事情在他们面前暴露出来的时候，凯文很少有时间忧伤。他解释道："我父亲的事业在他死后崩溃得如此之快，以致没有任何时间去伤心或者做出任何正常的反应，因为我们被抛进了看不见的无底深渊。"

在1992年的6月，弟兄俩均被控以欺诈罪而被逮捕。更有甚者，法庭宣称凯文应对马氏养老基金中不明去向的81300万美元负责。

法官的大笔一挥，凯文便以全世界最大的破产者而载入了史册。

罗伯特·马克斯威尔生前曾多次说过："我不打算给孩子们留下一件遗产。"现在，他变本加厉地实现了他的话。

在1992年6月的一个早晨，凯文和他的哥哥伊恩一起被捕了，新闻界权贵的儿子现在正被新闻界驱赶追逐。

在被告人中，只有凯文面对两个指控，首先是他涉嫌伙同其父阴谋诈取养老基金，其次是，控告凯文、伊恩和另外两人，涉嫌挪用价值3500万美元的特福制药有限公司股票。

凯文在被告席上表现得充满活力、百折不挠和富有同情心，他尽力解释他父亲是怎样使一个儿子不仅忠实地不离其左右，而且还盲目地听从。

凯文的故事开始于一盘法兰西豆。在20世纪60年代中期，老马克斯威尔已经在出版上发了财，全家人花了一个月的时间去意大利假日巡游，罗伯特作为9个孩子的父亲，是一个严格的训练者和体罚者。

有一天晚上，有人放了一盘法兰西豆在7岁的凯文面前，凯文根本不吃，他不喜欢法兰西豆。"吃吧。"罗伯特说，"不。"凯文说，直到后来，他父亲威胁说要把他锁在舱房里，凯文还是不吃。最后在用绳子抽打的威胁下，他终于被驯服了。

"哪一个头脑清醒的人想要背上阴谋诈取养老金的罪名·"凯文问道，"一个清醒的头脑当然会做出这样的反应：到时候肯定会有能够弃船而去的一刻。"

"可是，我认为我没有能力离开他。我们之间有一种复杂的联系，不仅只是首席执行官与董事长，而是父与子的关系。"

在开审的第131天，陪审团的7位女性、5位男性陪审员已准备好宣布他们的裁定：完全无罪。

当伊恩流着幸福的眼泪在他妻子的脸上狂吻的时候，凯文则显得自我克制得多，他微笑着同陪审员一一握手。一个半小时之后，兄弟俩互相抱着肩走出了这幢大楼。

让人惊讶的是，当审判还在进行的时候，他已经着手进行新的商业投机了。现在，宣告无罪之后，他着眼于未来，放心大胆地把全部时间都用在生意上。

当时他的官司刚刚开始，为了求得公众的帮助，他一头跑到本地的"职业中心"，申请救济。这件事，报纸刊登了不少照片：前亿万富翁的儿子在失业队伍中，等待施舍。

结果，这样的宣传却给了他一个隐秘的职介网络。有300个公司的领导人愿意请他，凯文对猎头公司推荐的普赖斯很感兴趣。

凯文和他的哥哥卖力地为这个新的主子工作，尽管凯文发现工作本身很苛刻，可他很满意这份收入。他说，"我们不得不在庭审之前5小时，即凌晨4点起床。"那时他们的确是这样做的。当庭审一结束，他们就回到办公室。

1997年，凯文建立了一家与媒体有关的投资公司，他称之为"正派的公司"。接着，在1998年3月，他取得了小小的成功，得到了一批廉价的光纤电话电缆。他是大批量购进的，然后零售卖出，仅6个月就收回了投资。到了1999年8月，这个新的上市公司就有了35000万美元的市场价值。

拼搏争斗了近8年，受尽了"世界大骗子"继承人的羞辱之后，凯文可以重新站起来了。

（佚名）

快乐的处方

王子按照这一处方，每天做一件好事，当他看见别人微笑着向他道谢时，他开心极了。很快，他就成了全国最快乐的人。

从前有个国王，他的国家非常富有，百姓安居乐业，边境也平安无事。按理说，这个国王应该感到很满足了，他什么都有了。可是，他却有块心病时时悬在心头：没有儿子。没有儿子也就意味着他的国家后继无人，眼看着自己的年纪越来越大，该怎么办呢？国王很焦急，每天都虔诚地祈祷上苍赐予他一个儿子。

也许是国王的诚心感动了天地，两年后，王后怀孕了。过了10个月，一个胖嘟嘟的小王子诞生了。国王高兴极了，号令普天同庆，大宴宾客。

从小到大，国王一直都想方设法满足儿子的一切要求。可即使这样，小王子也总是整天眉头紧锁，郁郁寡欢。于是国王便贴出皇榜，悬赏寻找能给儿子带来快乐的高人。

有一天，一个大魔术师来到王宫，对国王说："尊敬的陛下，我有办法让王子快乐。"

国王欣喜地对他说："如果你能让王子快乐，我可以答应你的一切要求。"

魔术师说："我什么也不要，我很高兴能为您效劳。但是，请让我和王子殿下单独待一会儿。"

国王答应了。于是，魔术师把王子带入一间密室中，用一种白色的东西在一张纸上写了些什么交给王子，让他走入一间暗室，然后燃起蜡烛，注视着纸上的一切变化，快乐的处方就会在纸上显现出来。

王子遵照魔术师的吩咐而行，当他燃起蜡烛后，在烛光的映照下，他看见那张纸上显出一行美丽的绿色字迹："每天做一件善事！"

王子按照这一处方，每天做一件好事，当他看见别人微笑着向他道谢时，他开心极了。很快，他就成了全国最快乐的人。

（佚名）

永远尽力而为

现在轮到国王的眼睛充满泪水，他向幼子温和地说："我的儿子，你是对的，那座山峰上根本没有树木，现在，我们王国的一切都是你的了。"

从前，远方有个王国，住着一位国王和他的三个儿子。他的年岁渐老，急着将王位传给儿子，然而他无法决定谁该继承王位。为了解决这个难题，他设计了一个比赛，来测试每个儿子的精力与智能。到了指定的那一天，他把三个儿子叫到跟前，对他们说：

"位于我们王国最北方的角落，一个最偏远的地方，有一座雄伟的山峰，那是王国最险峻的山岭，它的峰顶直达云端，我知道这些是因为我小时候曾经爬到山巅。我可以告诉你们，在山顶长着全世界最老、最高、最壮的松树，它们是举世无双的松树。为了考验你们的实力、体魄和治国的能力，我将派遣你们每一个，一次一人，独自去攀登那座高峰。我希望你们每人到了峰顶，从最高大、挺拔的一棵树上摘下一根树枝回来，凡是把最棒的树枝拿回来的人，可以接替我治理我的王国。"

就照国王所说的，第一个儿子首先出发，带着行囊装备朝高山前进，而国王和其他的儿子则在家中守候。一个星期、两个星期过去了，到了第三个星期快要结束的时候，年轻人回到王国，他一路风尘仆仆，带回了一根巨大的树枝，国王似乎很满意，向他恭喜完成了任务。

接下来轮到第二个儿子，他发誓要取回更好的树枝，于是带着帐篷和必需品上路了。一个星期、两个星期，接着三个星期过去了，国王还在等他回来；四个星期、五个星期，最后到了第六个星期快结束时，第二个儿子终于返回来了。当他快走到时，众人都可以看到他拖着一根庞大的树根，比第一个儿子拿回来的还大很多。他确实表现了他的英勇，而国王似乎欣喜若狂。

最后，轮到第三个儿子了。国王开口说："现在轮到你了，我要看看你是不是能带回比你哥哥们更巨大的树枝。"这个小儿子显出担忧的神色，当然他是最年幼的一个，他不可能强过他的哥哥们。他请求国王将王位传给他的哥哥。可是，国王坚持他至少要一试。这个幼子婉拒无效，只好收拾行囊朝高山出发。二周、四周，直到六周过去了，没有丝毫音讯；六周、十周、而后十二周又过去了，直到第十四个星期末，才传来第三个儿子在返家路途中的消息。

国王算算他的归期，命令全国人民齐聚一堂，等候第三个儿子回来，因为一旦他回来，便可决定谁是未来的国王了。当王子快到时，只见他的头低垂，眼睛只敢望着地面，他全身衣服又脏又破，等他接近国王时，所有人都很清楚地看出他不仅疲累不堪，而且连半根树枝也没扛回来。他抬头迎着父亲的目光，很小声地说："父亲，我令你失望了，我的哥哥应该做国王，他有资格治理王国。"

国王说话了，全场静默无声："儿子，你根本没试，你甚至连一根树枝都没带回来！"

这个儿子含着羞愧的泪水说："对不起，父亲，我并不想让你失望，我试着去完成你交待我的事，我旅行了好几个星期，走到王国的最北端，我确实寻到了一座雄伟的高山。我照你的指示，日以继夜去爬山，直到我登上最顶端，也就是你说过年轻时曾经到达的山巅，我到处找了又找，在山顶上根本就没有树！"

现在轮到国王的眼睛充满泪水，他向幼子温和地说："我的儿子，你是对的，那座山峰上根本没有树木，现在，我们王国的一切都是你的了。"

（佚名）

人生需要冒险

当时，电视尚未普及，刚处于起步阶段，所以人们很难接受它。摩洛·路易斯遇到了前所未有的困难，几乎所有人都认为他不会成功。

美国电视行业的先驱摩洛·路易斯19岁时，跟随家人一起迁到纽约。很快，他就在一家广告公司谋到了一份差事，每周14美元的薪酬。那时摩洛·路易斯经常跑外勤，工作非常忙碌，成天疯狂地工作。6点下班以后，他还要到哥伦比亚大学上夜校，主修广告学。有时候，由于没完成工作，下课后他还会从学校赶回办公室继续完成工作，从晚上11点一直工作到第二天凌晨2点是经常现象。

20岁时，他毅然放弃了广告公司颇有发展前景的工作，决心自己独闯一片天空。他开始了人生中的第一次冒险。他投身于未知的世界，从事创意的开发——主要是说服各大百货公司，通过CBS电视公司成为纽约交响乐节目的共同赞助商。当时，电视尚未普及，刚处于起步阶段，所以人们很难接受它。摩洛·路易斯遇到了前所未有的困难，几乎所有人都认为他不会成功。

摩洛·路易斯却仍旧信心百倍地进行说服工作。后来，工作有了相当进展：一方面，他的创意很受欢迎，他与很多家百货公司签成了合约；另一方面，他向CBS电台提出的策划案也被顺利接受。成功已近在咫尺了，但此事却由于合约存在的一些小问题而中途流产。

但这并没使他一蹶不振，就在这件事结束之后不久，一家公司聘请他担任纽约办事处新设销售业务部门的负责人，薪水也相当可观。于是，摩洛·路易斯在这里充分发挥自己的潜力，施展了自己的才华。

几年后，摩洛·路易斯又回到久别的广告业，担任承包华纳影片公司业务的汤普生智囊公司的副总经理，开始了他人生中的第二次冒险，投身电视界，而由他们公司所提供的多样化综艺节目也为CBS公司带来了空前的效益。摩洛·路易斯的这次冒险并不是孤注一掷的，而是看准后才下赌注的。最初两年，他仅是纯义务性地在"在街上干杯"的节目中帮忙，没想到竟使该节目大受欢迎。它的播映从未间断过，这是在竞争激烈的电视界内的奇迹。

（佚名）

放飞手中的气球

漫长的人生路上，他铭记气球的教训，放弃了其他的东西，一心一意地关注经济，一刻也不放松对自己钟情的经济学的研究。

他的父亲是纽约颇有名气的股票经纪人，母亲是不起眼的店员，一个与数字为伍，一个与文艺结缘。他从父母那儿继承了两份不同的天赋：数字和音乐。

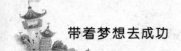

他原本可以过上幸福生活，然而，在4岁那年，父母在吵吵闹闹中终于离了婚。

父母离异之后，他随母亲生活，日子过得很清贫，好在他母亲十分疼爱他，在成长路上，还算一帆风顺。他的母亲迷恋音乐，喜欢在绿茵茵的草上唱歌，并且擅长多种乐器。在母亲的熏陶下，他也喜欢上了音乐，并在幼时暗下决心：长大后一定要当一名职业音乐人。

8岁那年，他随母亲到纽约市郊外一座森林公园郊游，一路上哼着母亲的歌，欢天喜地。一到目的地，他和往常一样，抓起几个五颜六色的气球在绿地上奔跑，似欢快出笼的小鸟，看到气球，他母亲感慨颇深。儿子数学启蒙的道具正是这色彩斑斓的气球。从认识10个数开始，便与它们结缘。5岁的时候，他在逻辑推理能力开始形成，不借助气球能心算三位数的加减法。不过在心算的同时，他手上仍不停地拨弄气球。每个孩子都有自己最喜欢的玩具，他也不例外。气球就是他最贴心的玩具。

他在公园的林间跑呀跑，他母亲在后面边追边哼着小曲。母子嬉戏了一段时间，都感觉有点累，然后，面对面地坐在地上休息。母亲从包里取出一支精致的口琴放在嘴上，左右推移，林间立即回响起悠扬的琴声。

他瞪大眼睛，准备伸手向母亲要口琴，却又舍不得放飞气球。左右为难之际，母亲停了吹奏，朝他不住地发笑。在短短的几秒钟内，他做出选择，松开手，扑向母亲，索要她手中的口琴。气球在风中飘啊飘，倏地掠过树梢，飞向蓝天。

这一天，他学会了吹奏口琴，悠悠琴声响遍树林，这琴声也在他人生路回响。从此，他懂得了选择。第一次知道该舍弃的应该大胆舍弃，该抓住的要毫不犹豫地抓住。打这以后，他真正地走进音乐，并沉迷其间。

在乔治·华盛顿中学毕业后，他考进著名的纽约米利亚音乐学院，正可谓如鱼得水。但是，学业尚未过半，他发现自己在这方面很难有长进，对音乐产生厌倦。与此同时，他对数字和经济发生浓厚兴趣。犹豫不决的时候，他想起了8岁那年在郊外放飞气球的情景，脑子里总浮现那几只飞向蓝天的气球。

冥冥之中，那几只气球给他暗示，也给他力量，他毅然决然地退了学，进入纽约大学商学院学习，开发自己另一份天赋。1948年，他获得经济学学士学位。两年后，他又以最优秀的成绩获得经济学硕士学位，并到哥伦比亚大学深造。在哥伦比亚大学，他遇见人生第一位伟大的良师益友，后来在尼克松政府中出任美国联邦储备委员会主席的亚瑟·博恩斯教授。

由于他家中贫困，无力支付哥伦比亚大学的费用，被迫中途退学。他的学业就这么拖着，这一拖就是近30年。漫长的人生路上，他铭记气球的教训，放弃了其他的东西，一心一意地关注经济，一刻也不放松对自己钟情的经济学的研究。

苍天不负有心人。1977年，51岁高龄的他终于戴上哥伦比亚大学的博士帽。10年后，他被里根总统任命为美国联邦储备委员会主席，成了一位跺跺脚整条华尔街都会地震的重量级人物。

他，就是艾伦·格林斯潘。

（佚名）

人格的伟大力量

谎话只有在丢掉良心的时候，才能大声地说出口。我不能丢掉良心，也不可能讲出谎话。所以，请您另请高明，我没有能力为您效劳——我必须信守自己的诺言和原则！

1809年2月12日，亚伯拉罕·林肯出生在一个农民的家庭。小时候，家里很穷，但是亚伯拉罕·林肯的父母很正直，教育林肯要守信正义。

1834年，25岁的林肯当选为伊利诺斯州议员，开始了他的政治生涯。1836年，他又通过考试当上了律师。林肯当律师后给自己订立了一个规矩——只为蒙冤正义者辩护。亚伯拉罕·林肯一直信守着自己的承诺。

由于亚伯拉罕·林肯精通法律，口才很好，在当地很有声望。很多人都来找他帮着打官司。许多穷人没有钱付给他劳务费，但是只要告诉林肯："我是正义的，请你帮我讨回公道。"林肯就会免费为他辩护。亚伯拉罕·林肯在当地的法律界威望很高。

一次，一个富翁请林肯为他辩护。林肯听了那个客户的陈述，发现那个人是在诬陷好人，于是就说："很抱歉，我不能替您辩护，因为您的行为是非正义的，我有自己的做事原则和承诺。"

富翁无耻地说："难道你不想挣钱吗？我就是想请您帮我打这场不正义的官司，只要我胜诉，您要多少酬劳都可以。"

林肯义正言辞地说："只要使用一点点法庭辩护的技巧，您的案子很容易胜诉，但是案子本身是不公平的。假如我接了您的案子，当我站在法官面前讲话的时候，我会对自己说：'林肯，你在撒谎。'谎话只有在丢掉良心的时候，才能大声地说出口。我不能丢掉良心，也不可能讲出谎话。所以，请您另请高明，我没有能力为您效劳——我必须信守自己的诺言和原则！"

富翁听完，羞愧地离开了亚伯拉罕·林肯家里。

（佚名）

用行动回报父亲

我父亲去世了，但是你知道吗？我父亲根本就看不见，他是瞎的！现在，父亲在天上，他第一次能真正地看见我比赛了！所以我想让他知道，我能行！

有一个男孩，小时候妈妈就去世了，一直以来他都与父亲相依为命，因此父子感情特别深。这个男孩喜欢踢足球，虽然他的球技并不怎么好，而且即使他参加了比赛，也只被教练当作是替补。然而他的父亲仍然场场不落地前来观看，每次比赛都在看台上为儿子鼓劲。

几年以后，男孩儿考上了大学，他参加了学校足球队的选拔赛。幸运地，男孩儿以最后一名的成绩进入了球队，不过男孩儿并不觉得丢人，他太喜爱这项运动了。

上大学的这几年里，男孩儿一直没有上场的机会。转眼就快毕业了，这是男孩在学校球队的最后一个赛季了，一场大赛即将来临。

一天，教练递给了男孩儿一封电报，电报中说男孩儿的父亲在今天早上去世了。男孩儿一句话也没有说，脸色白得吓人。他向教练请了假，立即赶回了家中。

比赛的时候到了，那场球赛打得十分艰难。当比赛进行到3/4的时候，男孩所在的队已经输了10分。就在这时，一个沉默的年轻人悄悄地跑进空无一人的更衣间，换上了他的球衣。当他跑上球场边线，教练和场外的队员们都惊异地看着这个满脸自信的队友。

男孩走到教练跟前，坚定地对他说："教练，请允许我上场，就现在。"教练十分为难，今天的比赛太重要了，差不多可以决定本赛季的胜负，他当然没有理由让最差的队员上场。可是男孩不停地央求，教练终于让步了，就让这个可怜的孩子试试吧。

于是，这个身材瘦小、籍籍无名、从未上过场的球员，在场上奔跑、过人、拦住对方带球的队员，简直就像球星一样。他所在的球队开始转败为胜，很快比分打成了平局。就在比赛结束前的几秒钟，男孩一路狂奔冲向底线，得分！赢了！男孩的队友们高高地把他抛起来，看台上球迷的欢呼声如山洪暴发！

比赛结束后，教练走到了男孩儿面前，问他为什么能创造出这样的奇迹。男孩看着教练，泪水盈满了他的眼睛。他说："我父亲去世了，但是你知道吗？我父亲根本就看不见，他是瞎的！现在，父亲在天上，他第一次能真正地看见我比赛了！所以我想让他知道，我能行！"

（佚名）

泥泞的道路才能留下脚印

　　那些经风沐雨的人，他们在苦难中跋涉不停，就像一双脚行走在泥泞里，他们走远了，但脚印印证着他们行走的价值。

　　唐朝高僧鉴真刚刚剃度遁入空门时，寺里的方丈让他做了谁都不愿意做的行脚僧，四处奔走化缘。

　　某日，太阳早爬上三竿了，鉴真依旧大睡不起。方丈很奇怪，推开鉴真的房门，看到床边堆了一大堆破破烂烂的鞋，他连忙叫醒鉴真问："你今天不外出化缘，堆这么一堆破鞋做什么？"

　　鉴真打了个哈欠说："别人一年连一双鞋都穿不破，我刚剃度一年多，就穿烂了这么多的鞋子，我是不是该为寺里节省鞋子了？"

　　方丈一听马上明白了，俯首笑说："昨天夜里落了一场雨，你随我到寺前的路上走走看看吧。"

　　寺前是一座土坡，因为刚下过雨，路面泥泞不堪。

　　方丈拍着鉴真的肩膀说："你是愿意做一天和尚撞一天钟，还是做一个能光大佛法的名僧？"

　　鉴真低头说："当然想做一个能光大佛法的名僧。"

　　方丈捻须一笑，接着问："昨天，你是否在这条路上走的？"

　　鉴真答道："是的。"

　　方丈问："你能找到自己的脚印吗？"

　　鉴真十分不解地说："昨天这路又干净又平坦，我岂能找得到自己的脚印呀！"

　　方丈点了点头，然后笑着问道："今天，我俩在这路上走一遭，你能找到你的脚印吗？"

　　鉴真说："当然能了。"

方丈听了，微笑着拍拍鉴真的肩说："泥泞的路才能留下脚印，世上芸芸众生莫不如此啊！那些一生碌碌无为的人，不经风不沐雨，没有起也没有伏，就像一双脚踩在又干净又平坦的大路上，脚步抬起，什么也没有留下。而那些经风沐雨的人，他们在苦难中跋涉不停，就像一双脚行走在泥泞里，他们走远了，但脚印印证着他们行走的价值。"

鉴真羞愧地低下了头，从此奋发图强，后来东渡日本，被尊为日本律宗初祖，在传播佛教与盛唐文化上，有很大的历史功绩。

（佚名）

做别人没有做过的事

比利时的哈罗啤酒厂位于首都东部，无论是厂房建筑还是生产设备都没有很特别的地方，可是它的啤酒非常畅销，这源于它有一位很有头脑的营销总监——林达。

比利时的哈罗啤酒厂位于首都东部，无论是厂房建筑还是生产设备都没有很特别的地方，可是它的啤酒非常畅销，这源于它有一位很有头脑的营销总监——林达。哈罗啤酒厂的市场份额曾经一年一年地减少，由于啤酒销售不景气，便没有钱在电视或报纸上做广告。

这时，一个不满25岁的小伙子来到了这个厂子，他就是林达。林达进到厂子里没多久，就喜欢上了厂里一个很优秀的女孩，然而那个女孩却对他说："我不会看上一个像你这样普通的男人。"于是，林达决定要做些不普通的事情，让这个女孩改变对自己的看法。

那时，林达只是个销售员，他的权利十分有限，于是他毅然决定冒险做自己想做的事情，他贷款承包了厂里的销售工作。正当林达为怎样去做一个最省钱的广告而发愁时，他徘徊到了布鲁塞尔市中心的于连广场。广场上的

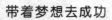
铜像即于连撒尿的铜像非常有名，这源于于连用自己的尿浇灭了侵略者炸毁城市的炸药的导火线，从而挽救了这座城市。人们对这个铜像的喜爱和敬仰使林达突然灵机一动，想出了一个绝妙的点子。

第二天，所有路过广场的人们都发现于连的尿居然变成了色泽金黄、泡沫泛起的"哈罗"啤酒，而旁边的大广告牌子上则写着"哈罗啤酒免费品尝"的广告语。就这样，一传十、十传百，"哈罗"啤酒很快进入了千家万户的冰冻箱里，全市老百姓都从家里拿出自己的瓶子杯子排成队去接啤酒喝。而对于这一奇怪的新闻，许多电视台、报纸、广播电台等媒体也来争相报道，"哈罗"啤酒厂免费做了这么多的广告。这则创意出现后的一年里，"哈罗"啤酒厂的销售产量提高了18倍，而林达也成了闻名布鲁塞尔的销售大师。

（佚名）

成功需要适当的改变

几年以后，青年前后在北京市区开了11家连锁店。为了保证最优质的货源，他还在京郊的大兴县买了一块地，建立了自己的蔬菜基地。

一个十分普通的青年，在北京三里屯市场卖菜。虽然每个月都靠在自己的辛勤劳作下，挣一些养家钱，但他想，这样下去，我就是干一辈子也还是个卖菜的，我的钱也无法让家人过上好生活。

于是，青年就时常想着改变一下做生意的思路。一天，青年发现一位金发碧眼的外国人正认真地挑选一些看上去"精致小巧"的菜品，他很奇怪："中国人都喜欢挑选大个头的菜品，而老外为什么偏偏挑选小的呢？"青年十分不解地跟外国人聊了起来。聊过之后才知道，原来东西方饮食观念不同，外国人认为小巧的菜品不仅漂亮，而且营养价值高。

发现了这个"秘密"后，青年开始转变了进货的方式，他每次进菜都挑同行不喜欢进的小巧菜品。由于他的菜品紧紧抓住了外国客人的喜好，加上三里屯老外很多，他的生意很快就红火起来。

生意做好了以后，青年并不满足现状，他趁势跟一些蔬菜批发市场的供货商签订了合同：凡是小菜品都归他所有。就这样，青年在菜市场里做起了"垄断"生意。他的菜品"特色"慢慢地在老外中有了一定的名气。而后，青年用攒下来的钱在市场里租了一个店面，还取了个洋名字"LOU'SSHOP"。随着名气的增大，青年又觉得认为有外国人的地方就应该有"LOU'SSHOP"。几年以后，青年前后在北京市区开了11家连锁店。为了保证最优质的货源，他还在京郊的大兴县买了一块地，建立了自己的蔬菜基地。

这个青年就是"中国卖菜工的第一人"——卢旭东。卢旭东创业成功后，还收到了美国农业部的邀请，有机会远赴美国进行半个月的实地考察，并学习了美国的农业技术和管理经验。

（佚名）

没有什么不可以改变

所以你看，世界上没有什么不可以改变，美好、快乐的事情会改变，痛苦、烦恼的事情也会改变，曾经以为不可改变的事，许多年后，你就会发现，其实很多事情都改变了。

整理旧物，偶然翻出几本过去的日记。日记本的纸张有些发黄了，字迹透着年少时的稚嫩，我随手拿起一本翻看。

"今天，老天，老师公布了期末成绩，我万万没有想到，自己竟然考了第五名。这是我入学以来第一次没有考第一，我难过地哭了，晚饭也没有吃，我要惩罚自己，永远记住这一天，这是我一生最大的失败和痛苦。"

看到这，我自己忍不住笑了。我已经记不得当时的情景了。也难怪，自离开学校后这十几年所经历的失败与痛苦，哪一个不比当年没有考第一更重呢？

翻过这一页，再继续往下看。

"今天，我非常难过。我不知道妈妈为什么那样做？她究竟是不是我的亲妈妈？我真想离开她，离开这个家。过几天就要填报高考志愿了，我要全都报考外省的大学，离家远远的，我走了以后再不回这个家！"

看到这，我不禁有些惊讶，努力回忆当年，妈妈做了什么事让自己那么伤心难过，但是怎么想也想不起来。又翻了几页，都是些现在看来根本不算什么事可是在当时却感到"非常难过"、"非常痛苦"或是"非常难忘"的事。看了不觉好笑，我放下这本又拿起另一本，翻开，只见扉页上写道：献给我最爱的人———你的爱，将伴我一生！我的爱，永远不会改变！

看了这一句，我的眼前模模糊糊浮现出那个同桌的他，曾经以为他就是我的全部生命，可是离开校门以后，我们就没有再见面，我不知道他现在在哪儿，在做什么。我只知道他的爱没有伴我一生，我的爱，也早已经改变。经历了许多的人，许多的事，到现在才明白：这个世界上，没有什么不可以改变。

曾经以为自己不会读低俗的武侠小说，现在才知道，武侠自有武侠的好，我的枕边每天都放着金庸和古龙的作品。

曾经以为只要好好爱一个人，就不会分手，现在才知道，你对他好，他也一样会爱别人。

曾经以为自己不会再爱上第二个人，可是现在，我正经历着一生中的第二次爱情，和第一次一样甜美，一样折磨人，一样沉迷，一样刻骨。

所以你看，世界上没有什么不可以改变，美好、快乐的事情会改变，痛苦、烦恼的事情也会改变，曾经以为不可改变的事，许多年后，你就会发现，其实很多事情都改变了。而改变最多的，竟是自己。不变的，只是小孩子美好天真的愿望罢了！

（佚名）

把良心换成钱

就这样，其他的动物们看到狐狸出卖良心，发了大财，还受到了国王的表扬，于是纷纷效仿。

动物王国里生活着许多可爱善良的小动物。一天，一只猴子跑到了城里的动物园了，看到了它的弟弟。回来之后，它兴冲冲地跑去向狮王说道："大王，我们为什么过不上富足的生活呢？你看看我弟弟，吃的是山珍海味，穿的是名牌皮毛，住的是豪华笼子，身边漂亮母猴多得像蚂蚁，一个劲地缠着叫'猴哥'，桑拿按摩周身暖，麻将搓到五更寒……"

狮王听到猴子的弟弟竟然过着神仙般的生活，忙问："你弟弟是怎么过上这种神仙日子的？"

猴子回答："我弟弟对我说，有钱就有一切，而它的钱全是靠出卖良心赚来的。"

狮王点了点头："这好办，良心咱们多的是，拿去换就是了！"

于是，动物王国在狮王的带领下开始了将良心换在钱的行动。狐狸首先开始响应，他掘到了森林里的第一桶金，以闪电般的速度开办了一家大型超市，经营各种动物的生活用品和食物。刺猬在超市买了一瓶洗发水，用了之后每天要掉十根刺；野猪准备结婚，买了一床新被子，拆开一看，发现里边装的全是脏布片和碎纱头……接二连三的假冒伪劣商品事件。然而狮王并没有因此而批评它，还授予他"森林经济发展杰出青年"的光荣称号。

就这样，其他的动物们看到狐狸出卖良心，发了大财，还受到国王的表扬，于是纷纷效仿。

没过多久，森林里的正常秩序就失了常。猫不再抓老鼠，母鸡也无心下蛋了，更可怕的是，狼等食肉动物开始肆意地残害其他小动物……不到一个月，动物王国的美丽景象就不复存在了，动物们都陷入了恐慌之中。

（佚名）

人生如水

　　此人遂大悟："我明白了，人可能被装入规则的容器，但又应该像这小小的水滴，改变着这坚硬的青石板，直到破坏容器。"

　　有一个人总是落魄不得志，便有人向他推荐智者，于是他去向智者请教。

　　智者沉思良久，默然舀起一瓢水，问："这水是什么形状？"这人摇了摇头，说："水哪有什么形状？"智者不答，只是把水倒入杯子，这人恍然："我知道了，水的形状像杯子。"智者无语，又把杯子中的水倒入旁边的花瓶，这人悟道："我知道了，水的形状像花瓶。"智者摇头，轻轻端起花瓶，把水倒入一个盛满沙土的盆。清清的水便一下融入沙土，不见了。

　　这个人陷入了沉默与思索。

　　智者弯身抓起一把沙土，叹道："看，水就这么消逝了，这也是一生！"

　　这个人对智者的话咀嚼良久，高兴地说："我知道了，您是通过水告诉我，社会处处像一个规则的容器，人应该像水一样，盛进什么容器就是什么形状。而且，人还极可能在一个规则的容器中消逝，就像这水一样，消逝得迅速、突然，而且一切无法改变！"这人说完，眼睛紧盯着智者的眼睛，他现在急于得到智者的肯定。

　　"是这样。"智者拈须，转而又说，"又不是这样！"说毕，智者出门，这人随后。在屋檐下，智者伏下身子，手在青石板的台阶上摸了一会儿，然后顿住。这人把手指伸向刚才智者所触摸之地，他感到有一个凹处。他不知道这本来平整的石阶上的"小窝"藏着什么玄机。

智者说："一到雨天，雨水就会从屋檐落下，看这个凹处就是水落下的结果。"

此人遂大悟："我明白了，人可能被装入规则的容器，但又应该像这小小的水滴，改变着这坚硬的青石板，直到破坏容器。"

智者说："对，这个窝会变成一个洞！"

人生如水，我们既要尽力适应环境，也要努力改变环境，实现自我。我们应该多一点任性，能够在必要的时候弯一弯，转一转，因为太坚硬容易折断。惟有那些不只是坚硬，而更多一些柔韧，弹性的人，才可以克服更多的困难，战胜更多的挫折。

（佚名）

生命的高度

是的，谁能走得出母亲的胸口呢？随着我对这个道理的渐渐明白，母亲也渐渐为我耗尽了她生命的光华。

无论世事怎样变换纷扰，母亲的故事一直都会是我心中最最明晰的情节。母亲去世六年多了，这几年我大部分时间漂泊在外，不断变换着工作，但对她的怀念却与日俱增。

按说，母亲不该是个辛苦一生却得不到回报的庄稼人。可发生在我家的事用"命途多舛"来形容一点都不为过。"文革"时期，一向勤俭秉直的母亲因此不得不放弃了读书。有了我和弟弟以后母亲就一直希望我们能继续她的读书梦。母亲很得意的一件事就是，当年她的作文总是被来势认做全班第一。记忆里，母亲偶尔抚摩着我们的课本却并不翻动，叹着气就走开了。我现在想，那些在她的目光下摊开的书本一定是她的伤心地，但更是她希望的田野。

那时候农村还没有现在这么多的致富路子，日出而作，日落却不得歇息。为了供我们读书，母亲很早就习得一门刺绣的手艺——在印了底纹的白布上用丝线依样绣出凸起和镂空相同的美丽图案。中介方以很低的价格收去，然后再高价出口到国外。母亲做活的干净利落是出了名儿的，连同村的好多姑娘家都望尘莫及。常常我从梦中醒来，灯却仍亮着——40瓦的灯泡泛着陈旧的黄色，母亲就在这昏灯下穿针引线。见我盯着她，就笑笑，为我掖好被角，又低头干活了。

我总是抱怨灯太亮，害得我无法睡安稳。我半眯着眼睛，脑子里想着白天与同学们一起玩耍的情形。屋子里静悄悄的，只有她手中的针穿透雪白绣花布的声音，那轻轻的有节奏的钝响。那时冬天出奇的冷，被塑料布遮挡的后窗仍然结有一层薄薄的霜，我家又没炉子，母亲的手年年被冻坏可那时的我却觉得这是天经地义的，还总是挑三拣四，抱怨母亲没有能力把日子过得更好。放学后我宁愿和伙伴们去外面疯也不愿早回家，就算回家也是放下书包就去以便写作业，看小人书，全然不理会母亲的忙碌。那时我总觉得别人家的饭好吃，别人家的东西好玩，别人的母亲更和蔼……

现在回想起儿时的幼稚和无知真是无限愧疚，我对母亲又做了些什么呢？我脚下的里不就是母亲一针一线为我锈出来的吗？如今，一想起她遗留下的那些插在海绵是密密麻麻的绣花针和那副老花镜，我就一脸泪水。多年以后我在一首诗里写道：

那时的我只知道雪野里的奔跑和摔倒

吹不出声音的喇叭是最心疼的宝贝

却不懂得母亲的泪水威吓决堤

那时的我总想浪迹天涯却不知

儿子永远也走不出母亲的胸口

是的，谁能走得出母亲的胸口呢？随着我对这个道理的渐渐明白，母亲也渐渐为我耗尽了她生命的光华。

由于贪玩，5年的高中生活结束之后的那年暑假，我才考上北方一所著名的美术学院。我是从去省城查分回来的同学处最先获悉这一消息的。母亲兴奋得奔走相告可是当面对白纸黑字，盖着鲜红印章的录取通知书，我却没有丝毫的欣喜——近两万元的学杂费使我们全家愁得彻夜难眠。尤其是母亲，总安慰我说会想出办法，其实我看得出她比我更着急。因为上火她的前胸生了个很大的疮。但母亲仍是带着我四处求援，原先在我还没考上大学时答应过帮助我的一些亲戚，如今纷纷表示爱莫能助。从未出过远门的母亲不顾我和父亲的劝阻。只身从辽南的山沟里辗转去了遥远的七台河，那是黑龙江北部的一个地方，母亲曾告诉我那里有她的一个表姐，据说在一个山里的小镇上做服装生意，有些积蓄。当时正值8月中旬，母亲的身体又一直不好，再加上那段时间的煎熬，我至今仍不忍去想象，她是经受了怎样的炎夏车厢内的闷热和山路上的颠簸之苦。但结果是，除了路费，表姨连一分钱都不肯借给我们。

　　我想要放弃去省城读书的机会。母亲的苦苦哀求下，父亲流着泪答应把居住了多年的老屋卖掉凑些钱，并以此向校方表示诚意，希望能延长交付学费的时间。可是在我们哪儿的农村，几间破瓦房才能值多少钱呢？现在想起来真是后怕，要不是后来我终于在大连通过亲戚找到一位好心的老板借来了钱，我可怜的父母恐怕至今还可能过着寄人篱下的生活。一年后，县里的电视台不知如何知道了此事，我和母亲于是都出现在屏幕上，我家的14寸电视效果不好，但我分明看到，母亲绣花的背影浸透了泪水。

　　上学的事总算解决了，母亲的病情却日益严重。后来听父亲说，为了不影响我的学业，我可怜的母亲直到我临近毕业才不得不去做了乳腺切除手术。可是，一切已太迟了。

　　在陪伴母亲走国她生命的最后日子里，我的泪眼无数次目睹了她生命烛火即将熄灭时的辉煌与苍凉。母亲啊，我刚刚找到人生的方向，您却过早地在我准备为你泛起浪花的河流上消逝了踪影！如今，我虽然离开了小山村，留在母校为人师表，但我还时时感到无助和失落，多少次灯红酒绿中我却难以欢颜。母亲一生几乎没有下过馆子，去世前不久我才有一点能力为她买了一双不足百元的皮鞋。她勒索高兴得不得了。

　　这几年，每次回老家我都是来去匆匆，每次都因为嫌父亲的唠叨和邻里乡亲的"没文化",不堪忍受他们生活的平静和肤浅,借口工作忙,呆一两天就赶紧回省城。其实,我们这些终日幻想着名利双收的所谓文化人,比起勤勉的母亲又能高明多少?而缺失了母亲的故乡还会是完整的故乡吗?谁,又能重新给我回家的渴望?

(佚名)

助人是为了快乐

自那以后,我看到"助人"和"去星巴克"、"看几米漫画"一样,成为小强"时尚消费"中的一项,古老的悲悯情怀与新人类的逻辑从此殊途同归。

我只比表弟小强大六岁,但想法却天差地别——我以为天经地义的,他却认为缺乏逻辑。那天,看到一则有关失学儿童的报道,我眼泪汪汪地建议"要不然我们捐300元",话音刚落便遭到小强的嘲笑,他还说出一番道理:"第一,这类事情,社会福利机构和保障部门责无旁贷,怎能频繁以号召募捐的方式嫁接到个体身上去?第二,为什么要助人为乐?助人为乐对我有什么好处?"

我瞠目结舌,差点没晕过去:"好处?助人为乐属于人格完善的范畴:助人者,善良也;不助人者,冷漠也。帮助别人又不是投资,居然还指望回报?这么多年从小学到大学你接受的教育全失败了!"

学经济的小强反驳我说:"不,愿不愿意助人跟'人格'什么的没有直接关联,而是一个经济范畴的话题,表明了'投资'与'回报'的关系。"为证明自己的观点,他列了一张表,题目是"助人的支出":

假设支出300元,这300元如果用于自我投资,等于——

1、一张256MB的数码相机存储卡。

2、躺在豪华影院里，把《指环王》三部曲翻来覆去看三遍。

3、买4套北京博物馆通票，看卢沟晓月、紫檀艺术、爬碓臼峪。

4、把女朋友渴望已久的几米绘本系列送给她。

5、请朋友在星巴克消磨若干个下午。

……

毫无疑问，对于一个时尚青年来说，他认为以上支出才是有价值的投入，而且其成效立竿见影，比如，女朋友的笑脸，朋友之间的倾心交流，旅游、看电影时感受的身心愉悦。这些"回报"近在咫尺，触手可及；至于远方的、看不见摸不着的一个小孩儿，于他又有什么意义呢？300元的捐款，既不能使小强们青史留名，也不意味着将来会有人登门报恩。他说："我每月依法按时纳税，国家用于扶贫救灾的拨款里也有我的贡献。既然我已经尽到了'责任'，那为什么还一定要去献'爱心'呢？"

他的逻辑听上去很奇怪，这是"独一代"的逻辑么？"独一代"，是人们对生于80年代后、独立性强、以自我为中心的独生子女的统称，这一称谓，褒贬参半，喜忧参半，意味深长。

我怔怔地看着他，说不出话来，能用长辈教育过我的一套去跟他说吗？要学雷锋啊！他会问，为什么要学雷锋啊？因为雷锋是个伟大的共产主义战士，伟大的人。他又会问，为什么要做伟大的人？我只想做个普通人，有小算盘、小欲望的普通人。还有，雷锋幸福吗？雷锋连场正儿八经的恋爱都没谈过……新人类成长得太快了，快得让传统的道德说辞都变成了古董。

虽然新人类不是靠"大道理"去说服的，但他们毕竟还是有血有肉的人。过几天，小强跑过来，叽叽喳喳跟我讲他的见闻："我被头儿派去采访一个女孩儿，她得了癌症，从确诊到今天坚持了四年之久，创造了生命的奇迹。站在她家客厅中央，我几乎不敢相信自己的眼睛，这个女孩住在北京？离繁华的西单商业街只有一步之遥？18平方米的斗室（包括厨房卫生间在内）住下爸爸、妈妈、她三个人。古老的地板革，石灰扑簌的墙面，无不表明这个工薪家庭的经济状况……"这个女孩需要帮助，父母两人一个月收入才一千二，而她一次急诊，住院押金就要两万。"我要活下去"，隔着小强的转述，我都能看到女孩儿倔强的生命之光。

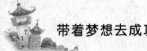
"你会不会捐钱?"我目光灼灼地问小强。

"让我想想。"小强有些沮丧，显然他心中的某一根弦已经被强有力地拨动了，不过，他还需要一个强有力的理由支撑他的"投资"逻辑："捐钱，助人为乐——有什么'好处'吗?"

第二天，小强回来后告诉我，他捐了300元。"看，善行不一定给人带来看得见的好处，但我们应该去做。"我以为他终于放弃了他的逻辑，谁知他淡淡看我一眼，并不作答，而是又给我列了一张表，这次的题目是"助人的回报"：

支出300元，得到的回报是——

1、女孩儿先惊后喜的表情，然后泪花一下子涌到眼眶却流不出来，只是冲着我点头，动人地微笑，这是我见过的最美的微笑，比赫本在《罗马假日》里清纯羞涩的微笑还要美。

2、女孩儿父亲蹬车送我去地铁站，这是成年以后第一次坐在别人的车座上，耳边的风声跟儿时一样温馨安静。

3、忽然觉得世界很干净，包括拥挤的地铁、地铁中的乞者、大大咧咧的售票员……与热闹的生活贴近了一分。

4、在这个冬夜，心里面如释重负的安宁，有一种温暖比毛皮大衣还要暖，涌上心头，以前从未体会过。

5、如果把300元用于个人投资，仅仅收获一次微笑、几本书、几个有形的物体，其有效期是几秒钟、几天、几个月，而这一次的有效期，可能是一年，甚至可能是一辈子。

"我在想，有些'时尚项目'那么贵，而我眉头也不皱一下，为什么？因为它们能满足某种心灵诉求。谁知这微不足道的300元在短短一瞬间给我的震撼，并不逊色于'时尚项目'。由此可见，善行同样是有'回报'的，回报的是双重快乐，所以更值得我们付出。"学经济的小强还是用他那套逻辑在分析。新人类不说"应不应该"，而说"值不值得"，只要能带来生命中真实的幸福感，他们就心甘情愿地为之"买单"。

自那以后，我看到"助人"和"去星巴克"、"看几米漫画"一样，成为小强"时尚消费"中的一项，古老的悲悯情怀与新人类的逻辑从此殊途同归。

（佚名）

善良的伟大贡献

就在不久之后，当年那位绅士的儿子染上了肺炎，是弗莱明发明的盘尼西林救活了他的命。那绅士是谁？上议院议员丘吉尔。

青霉素在医学上的应用拯救了千百万人的生命，被称为是迄今以来最伟大的医疗行业的发明、发现之一。青霉素的发现者弗莱明有一段不同寻常的童年经历。

弗莱明出生在一个贫困的家庭中。他的父亲是一个穷苦的苏格兰农夫，有一天当他在田里工作时，听到附近池塘里有求救声。

善良的农夫放下农具，跑到了池塘边，看见一个小孩掉到了泥沼里面。不顾个人的安危，农夫把这个孩子从死亡的边缘救了出来。小孩获救了。

第二天一大早，有一辆装饰豪华的马车停在农夫家门口。马车里面走出来一位高贵的绅士，他自我介绍是那被救小孩的父亲。绅士说："我要报答你，你救了我儿子的生命。"农夫说："我不能因救了你的小孩而接受报答，这不是我的做事风格。"

正在两人为报答僵持不下的时候，农夫的儿子小弗莱明从屋里走了出来。

绅士问："这是你的儿子吗？"

农夫很骄傲地回答："是，这是我的小儿子，他很聪明。"

绅士说："我们来个协议，让我带走他，并让他接受良好的教育。假如这个小孩像他父亲一样，他将来一定会成为一位令你骄傲的人。"

为了儿子的前途，农夫答应了。

后来农夫的儿子——弗莱明从圣玛利亚医学院毕业，成为举世闻名博士。后来弗莱明发现了青霉素，并在1944年受封骑士爵位，且得到诺贝尔奖。

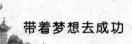

就在不久之后，当年那位绅士的儿子染上了肺炎，是弗莱明发明的盘尼西林救活了他的命。那绅士是谁？上议院议员丘吉尔。他的儿子是谁？就是后来引导自由英国人民抵抗纳粹德军侵略的伟大政治家丘吉尔首相。

（佚名）

踩着落叶上学的孩子

生活对我们来说不过是意味着身上有二三十块的衣服穿，高兴的时候能有一碗五块钱的牛肉面吃。但这一切已经足够成为我们坚持的理由。

国家奖学金下来了，整幢宿舍楼都忙了起来。评选规则：家庭困难，学习刻苦，上学年成绩优异，无手机电脑高档消费品的同学。林非看了看，写了份申请书。

几天后，拟定的人选公布出来了。林非看了看自己在二等位置，笑了。回到宿舍，关了门，同学都不在，一口气喝了一大杯水。把寝室门关上，电视开了，沿着桌边走了一圈；又把电视关上，走了一圈。拿起杯子，放下，走了一圈；拿起本书，又放下，躺在了床上。

同学们开门进来，带着些许的酒气。

"哎，林非，这次评选挺不错的嘛，居然有你啊！"

"算是给对人了，以后不用老借钱了，我倒是要向你借啊！"

"就是，就是，请客，请客。"

林非笑了笑："现在还不一定吧，能把欠的学费还上就很不错了。"

"他妈的，李言怎么也评上了，主任不是说有手机的不能参加评选吗？"

"方梦不也是嘛比我还有钱，早知道我也去试试。"

"把我那破电脑砸了都值。"

熄了灯，大家躺在床上，又开始了每天的"卧谈会"！几人把公布名单上的每人都讨论了一遍。林非平时都不说话的，今天也插了两句。听着同学们都"呼呼"地睡着了，林非还是睡不着，又想起小时候和伙伴一起上学的情景：大家边说边笑、边打边闹地走在满是落叶的乡间小路上，清脆柔软的声音充满了所有的回忆。那是他最快乐的日子。

　　几天后，班主任通知开会。"这次主要是有同学反映说你们中的部分人有手机。你说是别人送的，或是同学的，我相信，但是别人不理解。"

　　"还有啊，大家要讲事实嘛，我觉得虽然在农村，一年少于四千都是假的。"

　　"不少同学欠费还不少啊，我就不信你们交不上那点钱。不交学费的是不是素质有点问题。"

　　"我想每个人都弄个表，把情况和原因都写出来，贴在楼下，这是对大家负责。明天下午之前没人反对就填表，之后大家反对也无效，没有什么意见吧？"

　　晚上，材料贴了出来，林非班上两个人的最简单。因为没有手机，没有电脑，不用什么理由去解释。家庭情况也只有一句：母亲残疾，父亲年老，都在家务农。相比之下，倒是每月生活费写的比别人高。

　　同学回来，一边脱袜子，一边说："都是些啥啊，李言他妈的手机是我们六个一起去买的，怎么变成了叔送的了。"

　　"什么东西啊？"

　　"就是下面贴的。"

　　"明天看看去。"

　　"林非，我觉得你的倒是简单得很哦。"

　　"是吗？"

　　晚上躺在床上，林非想起了自己家乡那些数不清的高山；想起母亲残疾的腿走起路来摇摆不定，就像是小时候努力去踩落叶的样子；想起父亲花白的头发；想起父亲的驼背；想起父亲的瘦小；想起在初中住校时，母亲把五块钱捏了又捏，递到半路又拿回，对递过来的情景，而自己也是从那时候开始写申请缓交学费。想起自己被知道和不知道的人评论，想起那些异样的目光，想起自己由拘束不安到慢慢坦然，想起自己就这样一步一

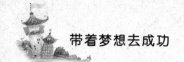

步走过的日子……而这就快要结束。

第二天忙了一下午，把各种材料都写出来交了。材料一人一份，只能用原件，大家都小心翼翼的。林非想这么标准的材料都填了，名单也确认公布了，应该没有什么问题。

晚上林非躺在床上，听着同学们把公布材料的经典语句背诵了一遍，每句后面都是一阵笑声和不停的骂语。林非想起自己在大一时候的不及格，后来每天学到12点以后，通过自己努力，大二上学期终于有了三等奖；下学期更进了一步，拿了二等奖。想着自己所取得的成就，想着自己的愿望通过自己的努力交清学费就要实现；想着自己每次考试都那么战战兢兢，生怕一落后就没有资格申请；想着自己所努力的一切就要实现，他禁不住有点兴奋起来，在床上翻了翻身，还是觉得不够，又做了几个俯卧撑。

两天后的星期一中午，班长和林非被叫到了办公室。

"你上学期有不及格科目，你自己不知道吗？"

"上学期三等奖，下学期二等奖，怎么会呢？"

"我看看，哦，那是你补考大一的英语科目。"

"可那是大一的啊，不是说只看一年的吗？"

"可你是在今年补考大一的，我觉得不行。不在今年补考就可以了。"

"可我在大二上学期被评上了学校的奖学金，而且上学期也被评上了。"

"学校的奖学金只有几百块钱，国家奖学金有几千块钱，怎么能比呢？"

"可是我真的非常想申请到。"

"这么多写申请的人，我觉得不少都符合条件，都是想申请到的。"

"我已经用了百分之百的力气学习，就是想申请到——"

"你这种想法就不对。"

"我真的非常想申请到奖学金还上学费。"

"现在政策很宽大，实在交不起学费可以休学嘛。"

林非嘴角动了动，说不出话来。后退一步，靠在了办公桌上，班长上前说："他家里确实比较——"

林非感觉什么也听不见，不禁向窗外看去。窗外梧桐叶在秋风中飘落，美丽而凄然！林非笑了。

晚上，林非在偌大的校园转了一圈又一圈，感觉像是老牛吃了一大包不能消脂的稻草，想喊，但是没有声音。走走，停停，再跑跑，累了，坐在教室的角落，给朋友写了封信：

"我们这群踩着落叶上学的孩子，如果不那么坚持上学，在我们眷恋的土地上像祖辈一样终其一生，我们是否会多一些骄傲和自尊。在这个干净的城市，总是踩不到落叶，踩不到大地，踩不到路。"

不久，朋友回了信：

"生活对我们来说不过是意味着身上有二三十块的衣服穿，高兴的时候能有一碗五块钱的牛肉面吃。但这一切已经足够成为我们坚持的理由。"

（佚名）

石头里流出的大米

有一天夜里，他发现小屈原正从粮仓里往外背米，原来是屈原把自己家的米灌进了石头缝里——真相终于大白了。

屈原是中国古代著名的爱国主义诗人，有一颗忧国忧民的善良心肠。

小时侯，屈原就是一个有爱心的好孩子，街坊邻里都十分喜爱屈原。

屈原看见家乡的老百姓吃不饱，穿不暖，沿街乞讨，伤心地落下了眼泪。屈原总想能够帮助这些可怜的百姓。终于，经过深思熟虑之后，一条计策涌上屈原的心头。

一天，一件怪事发生了。屈原家门前的大石头缝里突然流出了雪白的大米。老百姓把米背回家，个个脸上乐开了花。

从此，一些百姓能够过上温饱的生活了。大家都不明白，石头缝里面为什么会平白无故冒出白花花的大米来。

过了一段时间之后，终于水落石出了。

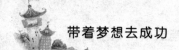

屈原的爸爸发现自家粮仓中的大米越来越少，他很奇怪，并有心捉住那个"偷米贼"。有一天夜里，他发现小屈原正从粮仓里往外背米，原来是屈原把自己家的米灌进了石头缝里——真相终于大白了。

父亲没有责备善良的屈原，只是慢慢地对善良的儿子说："咱家的米救不了多少穷人，如果你长大后做了官，把我们管理好，天下的穷人不就有饭吃了吗?"屈原明白了其中的道理。

从此，屈原读书更用功了。后来，他终于成为了一个有学问的人。楚国国王看他很有才能，就让他当官，管理国家大事，屈原在任上为百姓做了很多好事，受到朝野上下一致好评。

（佚名）

人生中最得意的事

老人不等他说完，就十分赞赏地说道："你的两个哥哥做的也是符合良心的事，不过你所做的是以德报怨，这才是最难得的事情呀！"

一位重病不治的老人，临终前把三个儿子叫到了床前，对他们说："在我离开你们之前，给你们三个月的时间出去见识一下，同时，我想看你们做一件最得意的事。我要看你们哪一个所做的事最让人敬佩，我的财产就全部交给他。"

三个月后，三个人都游历完回来了。

大儿子得意地说："在一个茶馆，我遇到了一个陌生人，他把一袋珠宝存放在我这里，他并不知道有多少颗宝石，假如我拿他几个，他也不知道。可是我并没有这么做，等到后来他向我要时，我原封不动地还给了他。"老人听过之后说："不错，这是你应该做的事，若是你暗中拿他几颗，你的一生都会受到良心的责备。"

二儿子接着得意地说："那天，我看到一个小孩落入水里，我立即跳了下去，把孩子救了起来。那孩子的家人要送我厚礼，我却没有接受。"老人听后说："很好，这也是你应该做的事，如果你见死不救，那就跟坏人没什么两样。"

小儿子这时走上前来说："一天，我看见一个病人昏倒在危险的山路上，一个翻身就可能摔死。我走向前一看，竟然是我的仇敌，过去我几次想报复，都没有机会，这回我要弄死他，简直轻而易举，但是我并没有这么做，而是把他叫醒，并且送他回了家。"

老人不等他说完，就十分赞赏地说道："你的两个哥哥做的也是符合良心的事，不过你所做的是以德报怨，这才是最难得的事情呀！"

最终，老人将全部的财产都留给了小儿子。

（佚名）

天使的纽扣

小天使对他说："你等的不耐烦了了吧？我送给你一个时间纽扣，你可以把它缝在衣服上，当你遇上不想等待的时候，就向右旋转一下纽扣，你想跳过多长时间都可以。"

一个男青年正在一棵大树下等待着与情人见面。迫不及待的他提早来了15分钟，时间过得可真慢呀，他急躁不安，紧张而颓废地坐在大树下长吁短叹。忽然，面前出现了一个小天使。只见小天使对他说："你等的不耐烦了了吧？我送给你一个时间纽扣，你可以把它缝在衣服上，当你遇上不想等待的时候，就向右旋转一下纽扣，你想跳过多长时间都可以。"

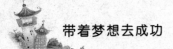

青年兴奋地谢过天使，手里握着纽扣，轻轻地转了一下。果然，情人立即出现在他的眼前，两个人说着甜言蜜语。青年又想，要是现在就举行婚礼该有多好呀！于是他又转了一下纽扣，隆重的婚礼、丰盛的酒席出现在他的面前；美若天仙的新娘依偎着他；乐队奏响着欢乐的音乐，他深深的陶醉其中……

此时的青年又有了新的愿望，他想提早看到他们的孩子长得什么样子，于是他再一次将纽扣转动了一点……青年的愿望从来没有停顿过，他总是想提前看到未来美好的生活，想要一所大房子，想要一个自己的花园和果园，想要一大群可爱的孩子……青年不停地转动着纽扣。

对于男青年来说，时光真得如梭一般飞快，最后，还没有看到花园里开放的鲜花和果园里累累的果实，一切就被茫茫的大雪覆盖了。

男青年看着镜中的自己，头发早已花白了。此时的男青年懊悔不已：我情愿一步步走完人生，也不要这样匆匆而过，还是让我耐心等待吧。

忽然间，扣子猛地转了回去，男青年又在那棵大树下等着可爱的情人了。而现在的他早已将焦躁抛诸脑后了，他开始心平气和地看着蔚蓝的天空，鸟叫声是如此悦耳，草丛里的甲虫是那么可爱。原来，人生不能跳跃着前行，耐心等待并为此而付出努力才能让生命的历程充满乐趣。

（佚名）

第三辑　改变生命的微笑

请多一点微笑，无论对任何人。或许这并不能使你避开一场灾祸，但至少会使你成为一个受欢迎的人。生活中多一点微笑，人生中就少一点烦恼。人与人之间的关心和帮助，就是人世间最珍贵的宝藏。

活着的最高境界

　　不要抱怨贫富不均，生不逢时，社会不公，机会不等，制度僵化，条理繁复，伯乐难求。要知道，其实每个人都平等地享有出人头地的机会。

　　其实和你一样——他出身卑微，却身怀远大理想。多年前，他在1983年版的《射雕英雄传》中扮演那个宋兵乙，为增添一点点戏份，他请求导演安排"梅超风"用两掌打死他，结果被告之"只能被一掌打死"。这个年轻时被称作"死跑龙套的"卑微小人物，第一次当着导演的面谈到演技时，在场的人无一例外都哄堂大笑。但他依然不断思索、不断向导演"进谏"，直至2002年自己当上导演。那年，他获得了金像奖"最佳导演奖"。

　　其实和你一样——上世纪90年代，在一趟开往西部的火车上，梳着分头、戴着近视眼镜的他看上去朝气蓬勃，内心却带有微微的彷徨。那时的他严肃乏味，常常独坐好几个小时不说话。后来转行做主持人，1998年他第一次主持的电视节目播出时，他发现自己说的话几乎全被导演剪掉了。他让身为制片人的妻子准备了一个笔记本，把自己在主持中存在的问题一一记录下来，哪怕是最细微的毛病都不肯放过，然后逐条探讨、改正。即使今天其身价已过4亿，成为中国最具影响力的主持人，他仍未放弃面"本"思过。

　　其实和你一样——10年前，他是大学里的"小混混"，由于经常逃课而被老师责备。毕业后被分到当地的电信局当小职员，面对冗杂的机关工作，他感到既劳累又苦恼，后来他勇敢而果断地辞了职，然后自创网站，从而走向中国互联网浪潮的浪尖，他在2003年福布斯中国富豪榜中居第一位。

　　其实和你一样——5年前的他是一个防盗系统安装工程师，依他的说法，"就是跟水电工差不多的工作"，"有时候装监视系统要先挖洞，一旦想到歌词就赶快写一下！"当年的他就是这么边干活边写词，半年积累了两百多首歌词，他选出一百多首装订成册，寄了100份到各大唱片公司。"我当时估计，除掉柜台小妹、制作助理、宣传人员的莫名其妙、减半再减半地选择性传递，只有12.5份会被制作人看到吧，结果被联络的几率只有1%。"其实那1%就是100%！1997年7月7日凌晨，他正准备去做安装防盗工作，有人打电话给他，那个人叫吴宗宪，同时走运的还有另一个无名小卒——周杰伦。从他和周杰伦合作的歌从没人要，到要曲不要词，慢慢地曲词都要，之后单独邀词，但还会有三四个作者一起写，直到最后指定要他的词。

可能你已经猜到他们是谁了，一个是周星驰，一个是李咏，一个是丁磊，一个是方文山。他们是目前中国最具知名度的人中的一部分。

他们在成名前和你并无多大不同。不要抱怨贫富不均，生不逢时，社会不公，机会不等，制度僵化，条理繁复，伯乐难求。要知道，其实每个人都平等地享有出人头地的机会。明天，或者明年，同样会诞生像他们一样成功的人，就看是不是今天的你。

（小喻）

终归会有一粒种子适合它

一块地，不适合种麦子，可以试试种豆子；豆子也种不好的话，可以种瓜果；瓜果也种不好的话，也许能种荞麦。终归会有一粒种子适合它，也总会有属于它的一片收成。

有一个女孩，高中毕业后没有考上大学，被安排在本村的小学教书。结果，不到一星期就回了家。

母亲安慰她：满肚子的东西，有的人倒得出来，有的人倒不出来，你不会教书不要紧，也许有更合适的事情等着你去做。

后来，这女孩先后当过纺织工，干过市场管理员，做过会计，但是无一例外都半途而废了。

然而，每次女儿失败回来，母亲总是安慰她，从来没有抱怨的话。

30岁的时候，女儿做了聋哑学校的一位辅导员，后来又开办了一家自己的残障学校，并且在许多城市开办了残障人用品连锁店，有了自己的一片天地。

有一天，功成名就的女儿问母亲：那些年我连连失败，自己都觉得前途非常渺茫，可你为什么总对我那么有信心呢？

母亲的回答朴素而简单："一块地，不适合种麦子，可以试试种豆子；豆子也种不好的话，可以种瓜果；瓜果也种不好的话，也许能种荞麦。终归会有一粒种子适合它，也总会有属于它的一片收成。"

（佚名）

感谢身边的懒人

所以，我们要学会感谢别人的懒惰，因为正是他们的懒惰，才使我们拥有了更多做事的机会，为我们搭起了展示才华的舞台与通向成功之路的台阶。

我们要学会感谢别人的懒惰，因为正是他们的懒惰，才使我们拥有了更多做事的机会，为我们搭起了展示才华的舞台与通向成功之路的台阶。

我大学毕业到一家集团公司的办公室当文员。办公室主任有一特长，即文章写得好，很有思想，公司董事长很器重他，董事长的讲话稿和企业的年终总结等一系列重大文章都是出自他的手笔。

我到办公室后，只能是个打杂的，脏活、累活、没名没利的活全归我干了。我到后，主任变得越来越懒，一些本来该由他亲自去做的工作，也往往推给我去做。

由于企业名气大，企业经常要参加省市组织的诸如长跑、登山、演出等活动，要现场采访、拍照。这样的工作时间长，又不算加班，主任便安排我去。

公司会议常常利用晚上的业余时间，董事长一开会常常忘记时间，一直开到凌晨。而开会需要录音、做记录。这么辛苦，主任就总让我去。这样一来，我很多晚上的时间参加会议，第二天还要整理记录，写报道，工作量增加很多。

我们一些新来的大学生在一起时，常常数落那些老同志，如何的懒和刁，剥削我们的劳动，占用我们的时间，把我们的智慧与劳动成果占为己有，为此愤愤不平，而且有的人还为此一走了之。

一次省电视台的记者要采访董事长，董事长时间比较紧，于是安排在星期天的晚上8点钟。

董事长让主任陪同。可是主任家离公司较远，骑自行车要40分钟。于是他叫我去陪同。我一听就来气了，平时晚上总让加班，我就已经满肚子意见了，星期天还让我来，太那个了吧。更何况这件事董事长就是让他参加的，我和女朋友还有个约会。我很想顶他，但后来想想还是不情愿地参加了。

那天在接受电视台记者采访时，董事长兴致非常好，冒出了好几个火花，即企业发展到现在已经是十年了，要"十年归零"，进行第二次创业，并且准备在十周年大庆时有大的动作。

本来这次采访只谈半小时，但由于董事长与记者们非常谈得来，他们一谈就是两个多小时，后来还一起去喝茶。当一切都结束时已经是凌晨一点了。当送走记者，我已经非常困了，没有洗漱倒头就睡了。

第二天我把采访纪要整理好，交给董事长。后来又采写了一篇企业报刊发表的文章，文章标题是"十年归零从头越"——董事长发出第二次创业动员令。董事长感到我非常敏锐地捕捉到了他的灵感，并且文章的重点突出，主题新颖。董事长非常高兴，顺便问了昨天晚上主任为什么没有来。我说："他家离得比较远。"董事长接着说："要感谢身边的懒人，要多为自己创造机会！"

从那以后，董事长便常叫我到办公室去，他有些什么思想、感悟都让我整理。再后来年终总结报告也让我写。还给我的工资翻了一倍。我渐渐成了公司的红人，也得到了更多、更大的锻炼。

很多时候，有不少人们不愿做的额外的繁琐工作摆在我们面前，我们常常不是积极地接受并且努力地做好，而是畏难发愁、设法躲避，总是沉溺于抱怨和牢骚，以一种消极、悲观的心态等待、观望或者被动应付。如果从另一个角度来看，有更多的工作做，应当是一件非常幸运的事情。因为，通过做更多的工作，可以提高自己的能力，增加处世的经验，提高自己做事的品质。所以，当额外的工作降临到面前时，我们要珍惜这个难得的机会，紧紧地抓住它，不要让它白白地从眼前溜走。

天上掉馅饼，总有它凭空而降的原因。所以，我们要学会感谢别人的懒惰，因为正是他们的懒惰，才使我们拥有了更多做事的机会，为我们搭起了展示才华的舞台与通向成功之路的台阶。

（佚名）

幸福在平淡中活出精彩

有人活着，不知道自己想要的是什么。于是盲目地羡慕，盲目地追求，往往却总是与幸福擦身而过。

很喜欢一句话："上帝给了每一个人一杯水，于是，你从里面饮入了生活。"人可以追求可以选择自己喜欢的生活方式，却无法摈弃生活的本质。生活原本是一杯水，贫乏与富足、权贵与卑微等等，都不过是人根据自己的心态和能力为生活添加的调味。有人喜欢丰富刺激的生活，把它拌成多味酱。有人喜欢苦中作乐的生活，把它搅成咖啡。有人喜欢在生活中多加点蜜，把它和成糖水。有人喜欢把生活泡成茶，细品其中的甘香。还有人什么也不加，只喜欢原汁原味的白开水。更有人不知不觉地把生活熬成苦药，甚至是毒药，亲手把自己的生活埋葬。

什么样的生活才是幸福的生活呢？其实，幸福只是一种心态。你感到幸福，生活便是幸福无比，你感到痛苦，生活便痛苦不堪。同是一片天，有人抬头看见的是阴翳层层，有人却可以透过云层感受那无际的蔚蓝。

一次回老家探亲，偶遇多年未见的儿时的伙伴。彼此都感到惊喜，于是便相约彻夜长谈。与朋友交谈中，我才知道，她经受过许多苦难，但是，我却未能从她那开朗的笑容中发现丝毫的痕迹。她早年丧母，全靠她帮助父亲把三个弟妹供上大学。后来嫁人了，又遭遇家婆病重，病愈后却瘫痪了。她丈夫是个乡村小学教师，收入也不多，而她本人开始时只是一名代课的老师，工资就更低了。为了支撑这个家，她向村里人要了人家不愿耕种的田地，下课以后就去侍弄，自己吃不完的还可以拿到市场上去卖。晚上不但要备课，照顾家婆，还要安顿两个年幼的孩子。我还听说，虽然她总是那么忙，但是她从来没有因为家而拖累自己的工作学习。在学校，她的教学水平不比那些从正规学校出来的老师差，她教的学生评比出来还是年年第一。有空的时候，她还会带着孩子去远足，去郊游。今年她还参加了民办教师转正考试，结果考了全县第一。

我问她，会觉得辛苦吗？她爽朗的笑了。她说，生活虽然清苦些，但很踏实，很满足。常常，看着一家人和和美美地坐在一起吃饭，上课时看到孩子们充满渴望的眼睛，劳作时看到那一片绿得流油的庄稼，心里就感到一种难言的幸福。她说，人不是有钱就幸福，但是钱少些，同样可以过得很幸福。她是一位心灵手巧的女人。丈夫的衬衫领子有点破了，她把领子拆下翻过来重新缝上，又可以穿它一年半载。孩子没有衣服穿了，她把自己穿旧的衣服裁剪下来给孩子做衣服。有邻居丢掉的窗帘，她觉得布料还好，便要来做成桌布、屏风。自己呢，则常常穿亲友穿过的旧衣裳，大的可以改小，还可以按自己喜欢的风格改成新的样式。

望着她那黑中带红，在桔黄的灯光下闪着健康的光泽的脸，我心里不由地感到自惭。以前回家，乡里的老人总会半带开玩笑得说我，能轻松地在生活在城里，是多么幸福。想到有比自己生活得并不怎么样的熟人，偶尔还会沾沾自喜。然而，在她面前，所有的优越感都荡然无存。我也不敢跟她讨论，到底，什么是生活，什么是幸福。

我不敢对她说，有好些城里的朋友，她们生活得怎么安闲富足。她们谈论着自己的衣饰花了几百还是几千元，款式如何如何新潮，她们指点着谁家的车子不是高档车，她们谩骂着昨晚那顿饭餐根本不值几千元，她们还没有下班，便开始相约今晚在谁家打牌搓麻将……她们每天也不住地发着牢骚，她们常常觉得很累，孩子、丈夫仿佛还不了解她们。她们走在大街上流露的是冷漠苍白的眼神，华丽的外衣裹着一颗永无餍足的心。她们幸福吗？只有她们自己内心才知道，但我明白那一定不是我们向往的幸福。生活只是一杯白开水，然而她们却给自己的那一杯调了过多贪欲的色彩，她们肆意地挥霍她们过早地透支自己的那杯水。

有人活着，不知道自己想要的是什么。于是盲目地羡慕，盲目地追求，往往却总是与幸福擦身而过。其实，每个人不论在任何处境下，只要端正自己的心态，学会把握、学会满足、学会感恩，生活就会幸福。同时，幸福也不是可以用你能得到多少财物拥有多少名誉来衡量，社会的和谐、家庭的和睦、身体的健康才会让人感到真正幸福。

生活只是那一杯水，要靠自己慢慢去品味，细细去咀嚼，用心去欣赏，你才能发现，原来，最幸福的生活，就是在那如水的平淡中活出精彩。

（佚名）

认真的快递小子

我终于相信了，认真是有力量的，那种力量，足以让小小的青涩橘子开出花来。

他是个快递小子，20岁出头，其貌不扬，还戴着厚厚的眼镜，一看就知道刚做这行，竟然穿了西装打着领带，皮鞋也擦得很亮。说话时，脸会微微地红，有些羞涩，不像他的那些同行，穿着休闲装平底鞋，方便楼上楼下地跑，而且个个能说会道……

几乎每天都有一些快递小子敲门，有些是接送快递的物品，但大多是来送名片，宣传业务。现在的快递公司很多，也确实很方便，平常公事私事都离不开他们。所以他们送来的名片，我们都会留下，顺手塞进抽屉里，用的时候随便抽一张，不管张三李四，打个电话，很快就会过来一个穿着球鞋背着大包的男孩子……

那次他是第一次来，也是送名片。只说了几句话，说自己是哪家公司的，然后认真地用双手放下名片就走了。皮鞋踩在楼道的地板上发出清脆的响声。有同事说，这个傻小子，穿皮鞋送快件，也不怕累。

几天后又见到他。接了他名片的同事有信函要发，兴许丁军辉的名片在最上面，就给他打了电话。电话打过去，十几分钟的样子，他便过来了。还是穿了皮鞋，说话还是有些紧张。

单子填完，他慎重地看了好几遍才说了谢谢，收费找零，零钱，谨慎地用双手递过去，好像完成一个很庄重的交接仪式。

因为他的厚眼镜他的西装革履，他的沉默他的谨慎，就下意识地记住了他。隔了几天给家人寄东西，就跟同事要了他的电话。

他很快过来，仔细地把东西收好，带走。没隔几天，又送过几次快件过来。

刚做不久的缘故，他确实要认真许多，要确认签收人的身份，又等着接收后打开，看其中的物品是否有误，然后才走。所以他接送一个快件，花的时间比其他人要多一些，由此推算，他赚的钱不会太多。觉得这个行业，真不是他这样的笨小子能做好的。

转眼到了"五一"，放假前一天快中午的时候，听到楼道传来清晰的脚步声，随后有人敲门。竟然是他，丁军辉。他手里提着一袋红红的橘子，进了门没说话，脸就红了。

"是你啊？"同事说，"有我们的快件吗？"他摇头，把橘子放到茶几上，看起来很不好意思，说："我的第一份业务，是在这里拿到的。我给大家送点水果，谢谢你们照顾我的工作，也祝大家劳动节快乐。"

这是印象中他说得最长的一句话，好像事先演练过，很流畅。他走后，有人说道，这小子，倒笨得挺有人情味的。

也许因为他的橘子、他的人情味，再有快递的信件和物品，整个办公室的人都会打电话找他。还顺带着把他推荐给了其他部门。

丁军辉朝我们这里跑得明显勤了，有时一天跑了四趟。

这样频繁地接触，大家也慢慢熟悉起来。丁军辉在很热的天气里也要穿着衬衣，大多是白色的，领口扣得很整齐。始终穿皮鞋，从来都不随意。有次同事跟他开玩笑说，你老穿这么规矩，一点不像送快递的，倒像卖保险的。

他认真地说，卖保险都穿那么认真，送快递的怎么就不能?我刚培训时，领导说，去见客户一定要衣衫整洁，这是对对方最起码的尊重，也是对我们职业的尊重。

我们又笑，他大概是这行里最听话的员工吧?这么简单的工作，他做得比别人辛苦多了，可这样的辛苦，最后能得到什么呢?他好像做得越来越信心百倍，我们的态度却不乐观，觉得他这么笨的人，想发展不太容易。

果然，丁军辉的快递生涯一干就是两年。

两年里他除去换了一副眼镜，衣着和言行基本上没有变化。工作态度依旧认真，从来没听到他有什么抱怨。

那天我打电话让他来取东西。我的大学同窗在一所中专学校任教，"十一"结婚，我有礼物送她。填完单子，丁军辉核对时冷不丁地说："啊，是我念书的学校。"他的声音很大，把我吓了一跳。他又说了一遍，"我也是在那里毕业的。"

这次我听明白了，不由抬起头来，有些吃惊地看着他。"你也在那里上过学吗?"

可能那个地址让他有些兴奋，他一连串地说:"是啊是啊，我是学财会的，2004年刚毕业。"

天! 这个其貌不扬的快递小子，竟然是个正规学校的中专生。

我忍不住问他："你有学历也有专业特长，怎么不找其他工作?"

面对这样的询问，他有些不好意思，说"当时没以为专业适合的工作那么难找，找了几个月才发现实在太难了。我家在农村，挺穷的，家里供我念完书就不错了，哪能再跟他们要钱。正好快递公司招快递员，我就去了。干着干着觉得也挺好的……"

"那你当初学的知识不都浪费了?"我还是替他惋惜。

"不会啊。送快递也需要有好的统筹才会提高效率，比如把客户根据不同的地域、不同的业务类型明细分类，业务多的客户一般送什么，送到哪里，私人的如何送……通常看到客户电话，就知道他的具体位置，大概送什么，需要带多大的箱子……"他嘻嘻地笑，"知识哪有白学的?"

我真对他有些另眼相看了，没想到笨笨的他这么有心，而他的话，也真有着深刻的道理。

转眼又到了"五一"，节前总会有往来的物品，那天给丁军辉打电话来取东西，电话是他接的，来的却是另外一个更年轻的男孩。说，我是快递公司的，丁主管要我来拿东西。

我愣了一下，转念明白过来。问道："丁军辉当主管了?"

"是啊。"男孩说，"年底就要去南宁当分公司的经理了。"

当天下午，丁军辉的快递公司送来同城快件，是一箱进口的橙子。虽然没有卡片没有留言，我们都知道是他送的。拆开后每人分了几个放到桌上。

橙子很大，色泽鲜艳，味道甜美。隔着这些漂亮的橙子，我却看到了那些小小的橘子。它们，是那些小橘子开出的花吗?

我终于相信了，认真是有力量的，那种力量，足以让小小的青涩橘子开出花来。

（石文）

相信什么就能成为什么

你相信什么，就能成为什么。因为世界上最可怕的两个词，一个叫认真，一个叫执著。认真的人改变自己，执著的人改变命运。

在娱乐圈我一直有两个偶像，一个是刘德华，一个是周星驰，在两个细节上我对他们有深深的敬意。

先说刘德华。在2007年另一个歌星的演唱会上，他作为嘉宾出场，唱了一首

《冰雨》。当时舞台现场制造出一场大雨,而刘德华在雨中唱完这首歌,全身淋湿。作为一个巨星,他有没有必要在一个别的歌星的演唱会上做出这样的举动?他如果唱一首其他的歌,或者就唱《冰雨》,但现场不必造雨,会影响他的江湖地位吗?不会! 但他依旧这么去做,因为他是刘德华。他唱不过张学友,演不过周润发,但他一直是一线巨星,为什么?因为他对自己的要求,他每一次出现在观众面前必须是完美的,不容有任何的缺陷。正是这种态度,这种对自己的苛求,才有他今天歌坛常青树的地位。

再说周星驰。"五一"期间我又看了一遍他的《喜剧之王》。事实上周星驰的一生就像一场"喜剧之王",从不成功的跑龙套开始,屡受挫折,几乎所有的打击和失败都冲着他来,但他靠什么坚持下来?靠对自己的信心。我最喜欢他的一句话就是:"我是一个专业的演员"。被人呵斥"连龙套都跑不好"的时候,他坚信"我是一个专业的演员",每天去看《演员的自我修养》,每天去学习、去改正、去尝试、去表现。当所有的失败都无法挫灭他内心的信心时,失败退却了。人生如戏,只要你够投入,一心一意地想做好一件事,没有什么可以阻挡你。

你相信什么,就能成为什么。因为世界上最可怕的两个词,一个叫认真,一个叫执著。认真的人改变自己,执著的人改变命运。

(江南春)

只是多了一个想法

饮料还是原来的饮料,小虾依旧是原来的小虾,但加上一个故事、一个寓意之后,产品变得好玩起来,一下吸引了顾客的眼球,成了抢手货,而且身价倍增。

台湾有家饮料公司生产的一种饮料原先销路不畅,后来他们采纳了一位专家的建议,在每包饮料的包装上印上一别具动人的、很有诗意的爱情小故事，并将此饮料命名为"爱情饮料"。品种依旧，但包装一换，马上就吸引了众多的青年男女，他们边饮用边欣赏故事。接着该公司又动脑筋搞了个征文比赛，将从中选出的爱情故事印在包装上，反响十分强烈，参赛者踊跃。这些参赛者还做了公司的义务推销员，饮料销量顿时猛增。

无独有偶，日本有个叫吉田正夫的人，他有一次去外地省亲，在市集上看到一个渔民在摆弄一种小虾，这种虾不是用来吃而是用来观赏的。原来这种虾产于日本的南方，自幼就习惯成双成对地生活在石缝中，长大后已无法从石缝中游出来，就这样在石缝中度过一生。渔民根据这种虾的特性，捕捞后，把它们一对对放在稍作加工的石缝中，注入清水，略加装饰，作为观赏性的小动物出售。

但吉田正夫更进一步想，这些小虾成双成对地在石缝中生活一辈子，不是可以作为爱情专一的象征吗?吉田正夫顾不得省亲，急忙赶回东京，经过一番筹划后，在东京开了一间结婚礼品商店，专卖这种小虾。

他经过精心设计，使用一种小巧玲珑的玻璃箱，将人工制作的假山石置于其中，作为小虾的"房子"，再装饰一些水生植物，直入清水，让虾在"石房子"内生活得十分安逸。纪念品上还附有简短说明，把小虾从一而终、白头偕老的故事描绘得真切动人。许多新婚夫妇见了后都会买一件带回家，甚至很多老夫老妻也纷纷买一件回去作观赏和纪念。

同一种东西，换一种方式和角度去经营，收到的效果就会完全不一样。饮料还是原来的饮料，小虾依旧是原来的小虾，但加上一个故事、一个寓意之后，产品变得好玩起来，一下吸引了顾客的眼球，成了抢手货，而且身价倍增。

其实，世上本没绝对无用的东西或失败的事物，只是利用的方式不同罢了。同一种事物，在不同的人眼里，或者在不同的际遇里，往往会有不同的价值，关键还是看你怎么去运作和经营。

(佚名)

希望无敌

你可以失败一百次，但你必须第一百零一次燃起希望的火焰。

人生真的是希望无敌。

鲍勃·摩尔在参加哈佛大学的招生考试时，列入考试的五门功课中，竟然有三门功课不及格，因此没有能够顺利地进入到这所世界著名的大学深造。

用中国考生的话说就是他考砸了。在那段高考落榜、赋闲在家的日子里，鲍勃·摩尔感到非常的自卑，常常将自己独自关在黑屋子里，怨天尤人，唉声叹气。

这年夏天，鲍勃·摩尔的家乡接连下了一个多月的暴雨，终于，山洪暴发了。鲍勃·摩尔不幸被滚滚的山洪卷进了咆哮的河流。在浊浪翻滚的河水中，他像一片轻飘飘的树叶一样被抛来甩去，生命危在旦夕。这个时候，他多么想抓住一样能够拯救生命的东西，哪怕是一块木板、一根芦苇也好。然而，湍急的洪水中除了翻卷的泥沙，他什么也抓不到。他心下暗想，这回算是完了，没有救了。也罢，人生在世，总有一死，死就死吧！

他的这个念头刚一冒出来，便立刻犹如散了架一般浑身乏力，四肢酸软，再没有一点挣扎的力气。整个人都在随着汹涌的波涛在沉沦，在漂浮。

就在鲍勃·摩尔万念俱灰，最后一丝生的希望也即将被死神抽走的时候，脑袋突然被洪水中滚动的石块给碰了一下，骤然的疼痛使他突然清醒过来。刹那间，他突然想起去年夏天与女友在这条河中漂流探险时，曾在这条河的下游遇到过一棵粗壮的老树，老树有一个粗大的枝丫，正好斜长着横贴在水面上。只要能够抓住这根树杈，他就能保住自己的生命。一想到这里，他的心中顿时充满了希望，一有了希望，浑身上下顿时力气倍增，心也不慌了，僵硬的四肢也变得灵活了。

鲍勃·摩尔心中默念着那棵救命的老树，在洪水中顽强地坚持着，拼命地挣扎着……历尽艰险，他终于游到了那棵老树跟前。但是，当他拼命地抱住伸向河面的树杈时，谁知那根树枝早已经枯朽。使劲一拽，便"咔嚓"一声断为两截。鲍勃·摩尔只好紧抱着断落的树杈，继续随水漂流。刚漂出没有多远，就被河边经过的抢险队员搭救上岸。

事后，鲍勃·摩尔说，要是他早知道那根树杈是枯朽的，他兴许就不可能坚持游到那儿。

得知这次事故后，远在英国的父亲打电话给鲍勃·摩尔：你瞧，连死神都害怕希望呢！只要你的心中还有希望，那么，再大的困难，再大的挫折你都能够战胜。你想，既然你已经通过了两门考试，那就一定能够通过更多的考试。记住，哈佛大学就是你生命的下游那棵紧贴河面生长的"大树"。

鲍勃·摩尔心中豁然开朗。于是，他重新回到学校，走进了教室，拿起了课本。并最终以优异的成绩进入了哈佛大学，成为哈佛大学自开办动机激励教育学科以来最出色的学员之一。

后来，他的代表作《你也能当总统》一书，鼓舞和激励了成千上万的奋斗者，使他们由一个个平凡甚至平庸的无名之辈，最终变成了万人瞩目的社会名流。

鲍勃·摩尔说："你可以失败一百次，但你必须第一百零一次燃起希望的火焰。人生真的是希望无敌。"

（佚名）

永不消失的自信

有一天我的脸可能会消失，但只要我的生命还在，我会继续证明，容貌的美并不重要，重要的是你生命中的自信和坚强。

在美国庞大的律师群体中，有一位外貌丑陋却口碑极佳的女律师，她的名字叫科尔。在法庭上，她扭曲的容貌常会引起众人的惊讶甚至恐惧。但是，这位丑陋的女律师，却以渊博的学识和言辞犀利的口才，以及咄咄逼人的气势震惊四座，为无数当事人打赢了官司。

许多人不解，这样一位容貌丑陋的人是怎样成为一名知名律师的呢？

今年35岁的科尔是家中唯一的女孩儿，童年时代，她不仅长得俏丽可人，而且聪明伶俐，从小就是父母的掌上明珠。

升入中学后的一天，科尔的下巴上有几个很小很小的圆形白斑。她疑惑地用手指揉了揉，并没有什么异样感觉。一个星期后，白斑不但没有消退，反而连成了片。父母立即带科尔到医院做皮肤检查，医生的诊断结论是：科尔患上一种极为普遍的皮肤白斑病，只需涂些对症的药膏就可以根治白斑。然而一个月过去了，白斑非但没有消除，面积反而越来越大。接下来，科尔的身上不断表现奇怪的症状：原本一头金黄色长发，变成了灰白色，且不停大把脱落；右眼向下倾斜；鼻子向右扭曲；右侧嘴角向上翻起，一张漂亮的面孔完全变了形。

父母焦急万分，再次把科尔送到医院五官科进行检查。这次得出的结论是：科尔患上一种罕见的进行性面偏侧萎缩症。这类病症会随着患者年龄的增长而日趋加重，患者的五官会渐渐萎缩直至完全消失，甚至整张脸萎缩成为一个洞。而令人恐惧的是，目前在全球范围内还没有对这种病症行有之有效的治疗方法和手段。

然而这种病虽然非常可怕，但不会危及患者的生命。坚强的科尔心头重新燃起了一团希望的火焰。她想，既然自己享有和他人同等的生命权，就一定要通过努力和奋斗来证明自己生命存在的价值和意义。从此，科尔更加发奋努力的学习，几乎包揽了年级所有学科的第一名。

但是，在学校里，一些男孩子经常会突然挡住科尔的去路，模仿她扭曲的脸；有些同学还给她起了"歪鼻子"、"白头翁"的绰号；甚至没有一个同学愿意和她坐同桌，就这样，科尔被无情地隔离至人群之外。

17岁那年的一天，科尔正在学校上数学课，突然她感到右眼视线变成了一片黑暗。科尔心头一沉，知道自己的右眼从此将失明，这也正是此病症日趋加重必然所致。

后来，科尔以优异的成绩考取了大学。走进大学校园，她依旧是同学们眼中的"怪物"，没有人愿意主动接近她。甚至有人把她的照片贴到网上。网民的留言有些是对她的同情和鼓励，而更多的则是对她的冷嘲热讽，甚至还有人咒骂她不该把自己恐怖的照片贴到网上吓唬人。让科尔更意想不到是，网民们还对知名大学是否该录取"丑八怪"的议题，展开了激烈的论战。很多人都认为科尔这样的丑陋相貌，会影响学校的形象和声誉，提议学校开除科尔。面对如此大的精神压力，科尔只有一个人默默地承受。

一天，在社会心理学课上，老师让同学们讨论自己的理想。教室里一下子炸了锅，同学们神采飞扬的讨论着，只有科尔独自沉默地坐在位子上。接着，老师让同学们一一发言。轮到科尔时，没等她开口，一个男生就抢先喊道："整容，她的理想只有整容。"话音未落，教室里响起一片哄笑声。

科尔转过头，表情认真地看着那个男生说："你错了，我的理想并不是整容。整容也改变不了我脸上的残疾和缺陷。其实，我的理想是做一名律师。"

教室里再次爆出哄堂大笑，同学们你一言我一语的说：

"'丑八怪'律师……"

"谁有这么大的胆子请这样的律师出庭……"

"考验法官胆量的时候到了……"

而科尔表情严肃并语气坚定地说："我要当律师，去帮助那些可怜的受害者，以及遭到他人歧视的身患残疾的不幸的人。"教室里瞬时安静下来，每个人都陷入了沉思中。4年后，科尔大学如期毕业了，并通过不懈的努力考取了职业律师资格证。

现在，女律师科尔时常出现在法庭上，她特殊的容貌依然会招来少数人的嘲讽甚至轻视。而她的病情依然不断地恶化着，医生断言，她右脸颊即将萎缩消失。

科尔说："有一天我的脸可能会消失，但只要我的生命还在，我会继续证明，容貌的美并不重要，重要的是你生命中的自信和坚强。"

（佚名）

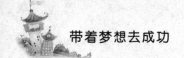

人生没有失败，只是尚未成功

只要心不死，力尚存，就努力奋斗，当你无所畏惧勇往直前而登上卫冕之颠时，你就会发现，人生其实没有失败，只是尚未成功。

昨天侄子打电话来和我哭诉，说失业3个月了，这3个月来早出晚归的去面试了不下50间企业，可都均告失败，现在是绝望了，连轻生的念头都有。我安慰他说："孩子，你只是一时碰到壁而已，人生还很长，怎么能因一时的挫折而想到轻生呢，人生总是不如意的，但你要相信自己有一天会成功。"

开导完侄子之后已经是晚上10点多，我独自坐在床边沉思许久。侄子是去年毕业出来工作的，今年年头因企业不景气而下岗，他是个大学生，骨子里载的全是坚强，不料这次会和我说出如此丧气之话。失业这个词在常人的字典里是很普通的，社会本来就是一个大熔炉，这边炼不成钢，也许你到那边会变成铁，只要是创造了自己的价值，那人生就是值得的。不需要为一时的位置不正确发挥不了自己的才能或者失意而丧失了进取的决心，从此裹足不前，自甘堕落。许多人都是摸索了大半生才找到属于自己的成功之路。

记得读书时曾看过一段名言："成功没有秘诀，如果有的话，那就只有两条，第一条就是坚持到底，永不放弃；第二条就是当你想放弃时，请再回到第一条。"人生在世，总会遇到这样那样的挫折或者不如意。没有谁的人生是一帆风顺的，即使你的老爸是李嘉诚，一出世就有万贯家财，可也不见得你天天都笑口常挂嘴边，没有一点人生挫折。即使事业上没有，爱情上总会有，爱情上再没有，生活中也肯定有，只是你们人生运气比较好一点，拥有成功的机会比我们多，但并不能说明你们的人生将来就一定比我辉煌。将来的事，谁敢去定论呢？

我们在失意时总会抱怨，为什么没有一个像李嘉诚这么有钱的爸爸或者像胡锦涛这样有权的父亲，为什么？假如你有一个这样的爸爸那又怎么样？

当你含着金钥匙出世的时候你就不会再有现在这种穷则思变的斗心了，当你的前途父亲都为你一一安排好的时候就怕你只能按部就班地去做，却已失去勇往直前的志气。父母让我们来到这个世界，并不是要我们天天去抱怨生活的不公平，而是让我们去创造美好的生活。

我们失业了或者生意失败了，这并不是穷途末路，只要你还在这个世界生存，只要你心理上没有被打败，自信心依然如初，斗志昂然不变，你就完全有能力东山再起，成就另一番伟业。只要生命还可以继续，人生就不能随便认输。只要我们不认输，那么人生就不会失败。我们要抱着不成功便成仁的态度，破釜沉舟，一百次失败一百零一次站起来，再失败就一百零二次站起来，如此下去，不成功不罢手。那样我就不相信失败会没有尽头，成功会不到来。只要我们的态度正确，永不气馁，谁能让我们认输。

当前社会竞争是日趋激烈，可这并不代表我们就没有生存的权利。即使只是暂时的弱者，也不可能说被社会遗弃，可能你只是在这个方面这个地方没有出头之日，可并不代表你在那个方面那个地方也不能出人头地。上帝关闭一扇门的时候总会打开一扇窗，关键是我们在上帝关闭那扇门的时候不要一蹶不振悲伤失落，从此失去发现那扇窗的机会。人生一时的碰壁在所难免，要静下心来，端正态度，改正自己的缺点，发挥自己的长处。要相信人生其实不是这么轻易就失败的，天生我才必有用，只要将才用对了地方，再努力去争取，总会取得最后的成功。

谁有都过年少无知，谁都有过书生意气，人生起步不容易，一时的挫折总会有。但是我们不必要将一时的挫折当作一生，一时的失败只是暂时的失败，暂时的失败并不代表你的一生。每次遇到不顺利时试着看开一点，想着这只不过是上天开的一个小小的善意的玩笑或者彩虹到来之前的一场狂风暴雨。只要自己不在这个结上被绊死，缓开一口气来，孜孜不倦，等一切过去，柳暗花明总会有另一村。

其实人生在世，不如意事十之八九。在碰到这样那样的不如意时，关键是我们要抱有一颗平常之心。不管人生拥有的够不够多，不管现实生活过的够不够好，都要兢兢业业的工作，生生世世去追求。即使人生不能像李白杜甫之伟大，豪情万丈，妙笔华章留千古，也不可能尽是岳飞文天祥之壮烈，忠贞爱国，英名永颂传万年。但是我们也绝对不会平庸。好好的奋斗人生，

总会有成功的一天。那样，活于世上起码仰不愧于天，俯不作于地。

孩子，趁年轻，不要因一时的失意而停止了前进的脚步。人生豪迈，一时的失意不要放在心上，大不了从头再来。只要心不死，力尚存，就努力奋斗，当你无所畏惧勇往直前而登上卫冕之巅时，你就会发现，人生其实没有失败，只是尚未成功。之前的一切挫折只不过是铺向成功的垫脚石。让我们都好好的为人生最后的成功而不锲努力吧！

（流浪花）

梦想比条件重要

是的，追求梦想的条件可以受损，但梦想永远不会，只要它在，我们的生命就会朝气蓬勃，永远垂着绿阴，开着明媚的花，结着芳香的果实。

从我上高二那年开始，如果没有雨或者恶风，每天傍晚在我家单位的大院花园里，都会有一个十三四岁的小女孩站在草坪上练习拉小提琴，她那娴熟和富有表现的琴声就像一只只轻盈优美的蝴蝶，在花园的上空飞舞……美中不足的是，小女孩长得并不好看，一块黑色的胎痣覆盖了她的大半张脸，那些为她的琴声所吸引的人们，他们的目光落在女孩的脸上，闪烁的是遗憾和痛惜。

每天放学回家，我都会在花园里呆上一会儿，于花香缥缈的弥漫中，让那些温柔如诉的琴声抚慰我疲惫的灵魂。

但在高三那年，命运的空袭使我成了一名必须靠坐轮椅才可以愉快地出去呼吸新鲜空气和看风景的女孩。那次车祸之后，我辍学在家，身体上的病痛固然难以忍受，而更让人难以面对的是那种有若被众人遗弃的感觉。原本为参加高考而忙得如拉紧的弓，集中全力蓄势待发，忽然之间，你被取消了参赛资格，赶出了竞技场，你只有躲在无人注意的角落，冷眼旁观，那些紧张、那些热闹、那些欢呼与雀跃都已远去，整个世界好像完全将你摒弃在外。

每天，我看着一批批曾经与我结伴同行的高三学子骑车自门前走过，我不知道我要做什么，甚至，连期望也没有，连等待也没有，因为你根本就不知道自己要期望什么、等待什么。有很长一段时间，我在父亲的陪同下搭乘公车才能抵达医生的诊所。那条路好长，好孤单，我既看不到过去，也看不到未来。

我在绝望的同时也隐约存着些期待，每次从医院复诊回来，我仍常去花园坐坐。忘记了是哪一天，没有听到琴声，我发现那个小女孩正双臂抱膝，把头埋在胸前抱着的小提琴上。我过去，关切地问她发生了什么。

"没什么，"她轻声地答道，"因为我脸上的胎痣。"她的一个同班男同学告诉她，中央音乐学院附中不会录用一个长得像丑八怪似的人作为学生，这样她希望通过拉提琴特长获得录取资格的梦想很难实现。我理解她心中的失望和痛苦，多年的愿望就因为相貌条件而不能实现。我问她有没有和爸爸妈妈谈过这件事情。她抬起头，告诉我，妈妈认为那个男同学不懂得梦想的能量，如果她真的想获得录取资格，就没有什么能阻止她，除非她自暴自弃，因为"梦想比条件更重要"。

她妈妈的话得到了印证。第二年，在中央音乐学院附中的入学考试中，由于她在比赛场上的出色表现，一位老师看中了她。她如愿以偿地获得入学资格，成了该校的一名学生。

非常感谢小女孩母亲的那句话，它让我从听到它的那一刻起，就一直相信自己的内心是强大和健全的，我充满了梦想，各种有关未来的梦想。有梦想的人才能称为健全的人。我常梦见自己在爬一座山，我并不知道山上有什么，但我总是为了一个欲望，那就是：爬上去。

就这样，我没有参加高考，我知道不会有院校收留我，我在一个师范大学上了两年的自费大专，没拿到学历。其实，学历并不能证明一个人真正的潜力，我只想与其他身体健康的人一样去感受一下正常的学习和生活。我知道，无论在什么地方发生了什么，依我的敏感和细腻，我的收获从来都会比别人多。

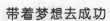
是的，追求梦想的条件可以受损，但梦想永远不会，只要它在，我们的生命就会朝气蓬勃，永远垂着绿阴，开着明媚的花，结着芳香的果实。

（佚名）

当青春苏醒时

少年男女之间的感情交往，爱不是唯一的，更不是重要的，而且不是最终的目的和结果。

当意识到异性美的时候，孩子便得到了新生。这是青春苏醒的标志。它像雪花落地一样无可逆转，像春草萌芽一样自然而然。

要让孩子懂得，有这种模糊、似是而非的感情，并不是错误，不是不正常的。相反，要是没有这种感情，倒是不正常的了。

同时，更要让孩子懂得，认识到这种感情的朦胧、似是而非，认识到这种感情的清纯、不稳定，会更好地把握住自己，处理好同异性的交往，度过青春期。

其实，与其说孩子们是在恋爱，不如说他们是在做着有关爱的梦。

他们的一只眼睛看着现实，一只眼睛在做着各式各样的梦。

无梦的天空，是一片黑暗。我们不应让天空黑暗，而应让天空缀满灿烂的星辰。

孩子们常常看到美好的一面，却忽视了它如雨后的彩虹稍纵即逝。

师长恰恰相反：常常看到它不稳定的一面，而忽视了它如雨后彩虹的绚丽。

有些事情，只能留在记忆里，对谁也别讲，一讲出来，就破了。

青春的情感，有时最需要这样处理和对待。留一些空白，就留出了更多的想象天地。

人就是这样奇怪，对有的人无话可讲，对有的人却无话不说。当异性之间无话不说，说得像坐着过山车一样不住地往下滑，很难让自己停在半空中的时候，往往是感情悄悄萌发的时候。

　　少年男女在一起时的沉默，有时候更令人陶醉。

　　话语成了多余的时候，恰恰是感情涨涌的时候。

　　有时候，大人眼里的一件小事，在少年男女眼里却是一件惊天动地或默默无声却心绪翻腾的大事。

　　他们到底还是孩子，在他们人生第一次体味这种感情的时候，容易想入非非，容易将自己、对方，连同周围的一切诗化、戏剧化、成人化。

　　女孩子身边喜欢有个男孩子相伴，与其说是爱，不如说是为了自己的保障；男孩子身边喜欢有个女孩子相伴，与其说是爱，不如说是显示自己的价值。

　　浅薄的女孩子，似火炬冰激凌的外壳，对爱情的需求无非是甜言蜜语加点心、咖啡、首饰、服装、化妆品……

　　冰激凌吃光了，外壳也就空了。

　　浅薄的男孩子，比浅薄的女孩子还要不可救药。他们对爱情的态度只会动手：爱，要动手；不爱，一下子变成恨，还要动手。而且，都是指向对方的身体。

　　成熟一些的男孩子和女孩子，知道爱对他们来说，来路还长，可供他们选择的还多。

　　刚刚咬到一口甘蔗，不见得就是最甜的地方；刚刚钓上一条鱼，不见得就是整个大海。

　　有时候，友谊对他们来说更重要也更适合。

　　爱，已经被流行歌曲唱得太滥。其实，爱这个词不要轻易说出口，可能一说出口，就会像鸟儿一样立刻飞走了。

　　有些话，还是珍藏在心里的好。

　　少年男女之间的感情交往，爱不是唯一的，更不是重要的，而且不是最终的目的和结果。

　　重要的是把这种交往当成探索人生、认识生活的一把钥匙和一面镜子。

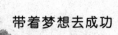
重要的是让友谊留下美好的回忆，这比让爱留下或深或浅的痕迹，更有价值，也更长久。

（肖复兴）

花儿记得一路的温情

她们究竟为她在三年里编下多少个理由，埋下多少次单，她都记不清了，但她却知道，那朵永远不会绽放的秘密之花，会为她记得，这一世都不会凋零的温情。

她那一年考到北京读研的时候，曾经有过犹豫，每年6千元的学费，让她这个失去父母一路靠减免学费读完大学的女孩，徘徊了许久。最终，强烈的求知欲望，让她决定贷款供自己再读三年。

班里总共十二个人，清一色全是女孩。每日读完书，一群女子最乐意做的，就是聚在一起，唧唧喳喳讨论时尚衣饰、明星运程、旅游名胜。她喜欢这群热情乐天的女孩，她亦喜欢安静地坐在她们旁边，听她们得意地挑着眉，胡吹神侃。都是女孩，所以能相互懂得彼此，她从没有因为自己经济困窘，而自动地与她们这一群生活优越的女子划清界限。而她们，也从没有因为她衣着朴素，而不屑与她聊起新款的阿迪达斯和耐克。许多人在校园里，看见这样一群携手招摇过市的女子，常常会惊叹：竟然还有如此心心相印的一群，简直像枝头的一簇花儿一样呢。

但她还是在那一年的秋天里，偶尔感到了一丝想要逃避的凉意。她从一个小镇上来，大学，亦是在郊区读的，到了北京，又恰好遇到了这样活泼的"驴友"，才让她知道，城市原来都像北京，有她无法想象的繁华。她从她们的口中，了解到全国各地许多好玩的去处和诱人的小吃。她们怀揣着一股子诚挚的浪漫，决定在这三年里，将十二个人所处的城市，不仅逛遍，而且吃遍。这个决定一出来，她便有些默然，她不知道如何向她们解释，自己到了北京，才真正接触到了城市，此前，她从来没有将钱"浪费"在出行上。况且，每到一个城市，便由"东道主"负责一切旅游费用的，亦是她无法承受的。但她的确不想扫大家的兴，只好悄无声息地退到一边去，等着她们商量出最终的行程路线后，再找一个合适的理由退出。

最终，她们决定抽签来确定三年的旅游线路。她依然记得那一个秋日的清晨，她与她们坐在银杏飘香的窗前，等着班长，将十二张写有数字的纸条，团成一个个小小的球。她的脸上，除了微微的紧张，还有一丝丝的哀伤。她希望自己能够抽到最后一个，这样，她就可以用三年打工攒下的钱，请这帮好姐妹，逛一次自己的小城，尽管那个小城里没有高楼大厦，也没有长长的购物街，但那里有青山绿水，她可以带她们在小溪旁的绿地上，宿营，点起篝火，唱歌，或者笑成一团。

班长将十二张纸条，郑重地放在桌子中间的时候，大家都不约而同地看向班长，等候她下令来抽。班长很酷地一伸手，指指坐在身旁的她，笑道，今天我这班长，为自己谋点私利，谁有幸挨在我右边，谁就先抽。她羞涩地低下头去，为自己的这一特权，微微红了脸。其余人则"嗷"一声取笑班长的自以为是，但笑过之后，则嚷嚷开：小妹，这次就给班长一个面子，你先抽吧。她看一眼眉飞色舞的班长，笑一声，便将手伸向桌子，又略一停顿，便拿起其中的一个。她刚一拿起，其余十一只手，便飞速地将纸团捏起。她还没有打开，周围的人便高声嚷开了自己的顺序。班长则在一旁，飞快走笔，迅速记了下来。大家挤闹成一团，她是最后一个，将自己的号码，告诉班长的。事实上，不用告诉，班长也从记录里，毅然地断定，她定是最后一个了。

她的确幸运地成了最后一个。她想，三年的时间，足够她挣一笔路费，请她们去安静的小镇上玩。这，应该算是自己，回馈给她们这份姐妹情谊的最好的礼物了。

她跟着她们，在这三年里，去遍了许多个城市，上海、广州、厦门、西安、南京。每到一个女孩的家乡，她们的父母，总会尽最大的热情，来招待这一群手足情深的女孩。吃饭、住宿、车票，全都给她们免掉。她们所要做

的，就是疯着跑遍整个城市，且将它所有的特色之处，一一收进记忆的行囊。她们在南京，模仿红楼梦里的金陵十二钗，穿上古衣，拿一把小巧的檀木香扇，犹抱琵琶半遮面地，在古镇上留影纪念。

三年的时间，很快地过去。在这三年里，每一次的集体活动，她都会参加。每一次，她都没有为费用为难过，因为，她们有那么多的理由，找人买单。这群女孩，充分发挥着小女子的黏性，赖着自己的老师、学长、朋友、父母，请这"浩荡"的一群，吃饭，游玩，甚至买喜欢的纪念品。而她，则跟着她们一起，享受着作为小女子的特权。

终于轮到她来买单的最后一次旅行。她将攒好的两千元钱，点了又点，知道足够来回的路费，便微笑着给她们发短信说，我们去做最后一次旅行吧。那时的她们，正在为各自的工作，四处奔波，但为了这次驶向终点的出行，11个女子，皆从全国各地，聚拢了来。就在出发的前一天，导师突然打电话给她，说：你们可真是不讲义气的小女子，这最后一次出行，也不邀请我去。她呆愣片刻，随即愧疚，说，老师，如果您真能抽出空来，跟我们一起去，女孩子们都会高兴坏了呢。

那次出行，女孩子们轮番地拍导师的马屁，直拍得导师白她们一眼，嗔怒道，早知道你们心里的花花肠子了，放心吧，我会大方地把没花完的经费拿出来，赞助你们来回路费的。一群女子皆哗哗地鼓掌，说，我们替小妹谢谢老师哦。接着她们一脸羡慕地转向她说，小妹，到了小镇，你可要好好做一桌家乡菜，感谢我们为你大力拍马哦。一车厢的人，皆笑趴下，而她却在这样突如其来的幸福里，扭头落下了眼泪。

到了许多年后，她上网，看到一个同门师妹的博客，讲起她们声名远播的"金陵十二钗"，这才知道，她们为她，保守了一个怎样的秘密。那次抽签，所有的纸条上，都写着12。而每一次出行，大家其实都是自费。三年里，她们集体出游过11次，一起吃过无数次的饭，每一笔她需要付出的费用，都是这11个女孩子，自动地分担了。她们为了她的自尊，将每一次需要花钱的饭局、出行，都找了完美无缺的理由，让她如此安然地享受着作为女孩子的"特权"。甚至，在最忙的毕业前夕，她们集体去求导师，让她帮忙，给她最后一个免费出行的理由。

她们究竟为她在三年里编下多少个理由，埋下多少次单，她都记不清了，但她却知道，那朵永远不会绽放的秘密之花，会为她记得，这一世都不会凋零的温情。

（安宁）

记住总会有人喜欢你

无论老师你喜不喜欢我，我都喜欢你的课。信的末尾是这样一句：老师，记住吧，总会有人喜欢你的，就像爷爷那么那么喜欢我一样……

几年前有那么一段时间，我去苏北的一个小镇支教，小孩子对新老师有着天然的热情：课前课后围着我，怯怯地问一些海阔天空的问题。但有一个小男孩，一直安静地坐在南边靠窗户的地方，手撑着头，眼睛散漫地望着窗外空荡荡的天空。

他的伙伴私下里告诉我，他是班级里成绩最差的一名学生，孤傲，霸道。一个女孩子狠狠地补充一句："没有人喜欢他的。"

一天下午，他迟到了，裤管儿、袖口全是泥，左手上还有一个鲜红的小口子，气喘吁吁地喊"报告"，我看看表，已经上课一刻多钟，真是气愤，便严肃地问："到哪儿去玩了？为什么迟到？"他扭扭衣角，犹豫了半天，就是说不出什么理由。我更坚信了自己的判断，便决然地说："好，既然迟到，先站到教室后面去听讲！"这是我第一次"体罚"学生。

课后我安慰自己：是他做得太过分了。

下班后，我和同事一起推车回宿舍，竟然发现车篓里多了一堆橘子，红红黄黄的，不好看，青涩的叶子还在，但个头很大。也没想出来是谁的好心，回来就被大家瓜分了。

从那次之后，他又打了一次架，我更是被气得很少喊他回答问题。有一

115

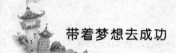

次,他终于忍不住来问我:"老师,你是不是不喜欢我?"我说:"是的,又迟到又打架,没有人会喜欢你……"我的本意是先批评他一顿,再和他交流的,哪知我话还没说完,他就走了。

第二天体育课,练单杠时,他摔伤了,躺在地上死活就是不肯去卫生所,谁的话也不听,我很着急,"谁去给我把他爸妈叫来。"班上的"机灵鬼"很快就找来了他的家长——一个穿着打补丁的中山装的爷爷。爷爷推着小车来的,一车的橘子,红红黄黄的,急急地扔下小车就来搀他,心疼地帮他拍打身上的尘土,连声问"要紧不",他撒娇地说不大疼,用热水敷敷就好了。我说,还是去看看医生吧。他终于骄傲地回了我一句:不要紧,爷爷会喜欢我的!

我愣了。

在办公室,他爷爷问我:"你就是那个外地来的老师吧,毛毛说你的课上得好,他很喜欢你的,我种了几亩橘子,前几天,他非得让我给你送,我说人家外地老师不稀罕的,他就搬了个小凳子去摘,还弄得划了道小口子,呵呵……"我忽然觉得自己犯了一个天大的错误。

在后来的课堂上,我一直"讨好"他,他还是对我爱理不理的。临了,我要走了,他哭得一塌糊涂,弄得其他学生都特惊讶,他还给我写了一封长长的信:我终于知道了这个为我摘橘子而迟到的孤儿,知道了因为别的学生说我"坏话"被他"教训"的经过,知道了他赌气故意摔坏自己证明这世界还有人真心喜欢他的"报复"……看着看着,早已泪流满面,我忽然觉得这封信是我这一段时光最大的感动和最深的遗憾……

他说:无论老师你喜不喜欢我,我都喜欢你的课。信的末尾是这样一句:老师,记住吧,总会有人喜欢你的,就像爷爷那么那么喜欢我一样……

(闻立摘自《潇湘晨报》)

葵 花

　　她喜欢把葵花画成绯红、翠绿或明黄的颜色，一律是鲜艳的色调，偶尔，会一瓣红，一瓣黄，一瓣绿，依次交错，却也不感觉突兀。

　　杜小蕊不爱上代数课。她的代数书下面总是藏着一个手写本，她拿一支2004年在校园里极其时尚的韩国彩笔在手写本上画葵花。她自己编的小辫永远松松垮垮，左边那条总像就要散开，我想或许她编右边的小辫比较顺手吧。她画得极认真时，小辫的辫梢就快要随着她低下的头匍匐在课桌上。

　　好不容易挨到下课，我取出梳子，让杜小蕊背朝我坐好。我解开她左边的小辫重新给她梳理好。她迫不及待地含糊地催我："好没好? 好没好?""嗯，马上。"我已经是班里公认的为杜小蕊编小辫的第一高手了，可杜小蕊还是每次催我。她总是不等辫子梳好，就从书桌里掏出一个"巨无霸"，狠狠地一口咬下去。上课铃响起来，她才心满意足地把最后一口"巨无霸"咽下去。她后座的万方帮她拍拍背，怕她会噎着。她歪过头，朝万方纯真地咧嘴一笑。

　　英语课，杜小蕊同样没什么兴趣。她趴在课桌上，拿一本书遮住胖胖的大头，示意我："不要让她发现我!"我明白她指的是英语老师。我点头。她又认真地在英语课本下翻开了一页新纸，画葵花。

　　从杜小蕊转来我们学校，插进我们班起，她就是一个只爱画葵花的女生。我是班长，可我不想限制她唯一的爱好。她画的葵花五彩斑斓，有时，一整页纸上，她只用来画一朵葵花，花瓣舒展得像她伸懒腰时的胳膊，拼命地往外挣脱；有时，花尖就几乎抵住纸页的边缘，一瓣一瓣地密密交叠。一次偶然兴起，我好奇她究竟会在一朵葵花上画多少花瓣，但只数到265时，我就放弃了。杜小蕊的耐心不是我和万方这样的女生能比的。她喜欢把葵花画成绯红、翠绿或明黄的颜色，一律是鲜艳的色调，偶尔，会一瓣红，一瓣黄，一瓣绿，依次交错，却也不感觉突兀。

杜小蕊每画好一幅葵花，都会送给班里的同学。那是一种即兴式的奉送，比如谁经过她身边，她就猝不及防地把葵花塞进人家怀里。看到别人被吓一跳，她才开心呢。我坐的离杜小蕊最近，所以收到的葵花最多。有一次，她在一页纸上画了整整30朵葵花，每一朵都像孩子的笑脸。在纸的页脚，她还写了两个零散的字：班长。她把这张画满了葵花的纸塞进我怀里时，我拍了拍她的胖脸蛋，她就知道我是非常喜欢啦。后来，我回家把杜小蕊画的葵花贴在书桌上方，还给它拍了张照片。照片洗出来后，我拿给杜小蕊看，让她知道葵花正生长在我身边。她表现得特别开心，还亲了亲我的脸颊，弄了我一脸口水。放学时，她说她要那张照片，我想了想，送给了她。

杜韦伯是在一个初冬的早晨来送杜小蕊上学的，那之前，一直是杜小蕊的妈妈来送她。这一对璧人成了课堂里议论的焦点——杜小蕊的父母都那么漂亮出众啊，怎么杜小蕊就……之后的每个早晨，都只看到杜韦伯来送杜小蕊。渐渐地，杜小蕊的书包里只剩下一沓一沓的葵花，那些书本，也全被她画满了葵花。偶尔，葵花旁边会出现"玻璃"两个字，歪歪扭扭，东一撇西一捺，像她永远扎不正的小辫子。她不怎么说话了，和我讲话的频率也明显低了。有一天，杜韦伯一大清早跑来学校，问我们看见杜小蕊了吗？

杜小蕊不见了！这消息惊得教室里人仰马翻。我从杜小蕊书包里翻出一张纸，密密的葵花丛中画出一条路，路上写着：玻璃，我要找你！

玻璃原来是杜小蕊的妈妈。一个月前，玻璃和杜韦伯的婚姻解体。怕伤及女儿，杜韦伯只说妈妈去很远的地方开始另一种生活……

我们找遍了整个城市，也没找到爱画葵花的杜小蕊。杜小蕊走失了。全班同学在自习课上都哭了。那个爱把葵花送给每一个同学的杜小蕊，那个整日需要人看护和照顾的杜小蕊，去了哪里？我发动全班同学，把寻找杜小蕊的启事贴满了城市的大街小巷。可一天、两天……一个星期、两个星期……都不见杜小蕊回来……

从大学起，我每个星期都去福利院做义工，希望有一天会有奇迹发生——一脸单纯、嘻嘻哈哈的杜小蕊，趴在一张桌子前画葵花，抬起头望我的眸子里，有着记忆的停顿；然后跑过来含混不清地叫我：班长！

噢，我忘了讲，杜小蕊是个智障的孩子。2004年，已经20岁的杜小蕊和我同班，那时，我和万方是青岛二中高三 (3) 班的学生。

（佚名）

没有雨伞的人须努力奔跑

> 你是一个没有雨伞的孩子，下大雨时，人家可以撑伞慢慢走，但你必须努力奔跑……

小时候，我家里很穷。母亲在我3岁那年，离家出走打工，十几年没有回过家。

我读书的钱都是向村里的大叔大伯们借的。后来，一位城里的阿姨通过希望工程和我结成了对子，资助我上学。我还记得上初二时，夏天到了，我唯一的一双布鞋破了，脚趾头露了出来。有一次体育课，为了不让同学们笑话，我偷偷地把半张报纸折好，垫进鞋子里。可是在跳远时，我用力一蹬，随着溅起的黄沙，那双鞋终于寿终正寝了——鞋帮与鞋底脱离，半个脚掌露了出来。

轰的一声，同学们都笑起来，我面红耳赤。

我知道家里穷，不敢向父亲开口要钱。同学们都穿着漂亮的凉鞋，而我只能一直赤脚上学，那时我多想拥有一双塑料凉鞋啊！

有一天傍晚，放学后，班主任程老师把我叫到办公室，拿出一份试卷说我数学考了100分。我高兴极了。程老师拉开抽屉，掏出一个纸盒，笑着说："拿去吧，这是你的奖品！"我打开一看，竟然是一双凉鞋。我的心顿时温暖起来。

填报大学志愿时，我很矛盾。家里的情况，只允许我上军校，因为上军校是免学费的。但我内心却想当一名演员。

119

在学校，我参加过好几个社团，也经常给同学们表演快板、小品什么的。可是我不会跳舞，不会弹钢琴，没练过形体，也不会声乐。去问程老师，他说："你嗓子好，可以试试考表演。"离考试只有一个月。我就跟着程老师学，对着VCD学。没想到考试时，我表演了一段快板，竟然大受考官们好评。

我就这样进了"北广"。那年全国有8000多人竞争20个名额，而我这样一个农村小子，除了一腔热情，啥也没有。

来北京上大学以前，我什么都不懂，什么都没有。电影都没看过几部，邻居家里的黑白电视机，也只能收到一个台。来到北京，才见到那么多高楼，才知道地铁，一开始和人说话都紧张……但是我告诉自己，要挺住，要坚强。刚进校时，班里23个人，我排在第16名，一年下来，我成为第1名。

为了供我上大学，家里贷了4万元的款。4万元对我家来说，是一个天文数字，还要加上利息。那几年，我背负着一种沉重的压力，它也成了我努力奋斗的动力。

从大一开始，我就一边打工，一边挣自己的生活费。给公司搞商业演出，或者组织学校里的演出。最早给一些电影电视剧当群众演员，早上5点半就等在制片厂门口，一车拉到拍摄地点，给人当牛使，半夜了再用车拉回来。20元一天的，我也做过。

同学中，几乎都是城市考去的，有的同学家境很好，或者出自艺术世家，吃穿不用愁，机会不用愁。我什么都没有，我必须从演每一个小角色做起。演完时，导演能问一下你的名字，那就是最大的成功，因为也许下次有更大的机会。

这几年，想当演员的人太多了，僧多粥少，对于我这样的学生，几乎没有机会。大家都是从跑龙套做起的，可能只是个路人甲、官兵乙，什么台词也没有，从镜头前一晃而过。但是我对每一件事都投入百分之百的心力去做，珍惜每一个角色，表现自己，证明自己。

直到现在，我还珍藏着那双凉鞋。我一直记得程老师对我说过的话："你是一个没有雨伞的孩子，下大雨时，人家可以撑伞慢慢走，但你必须努力奔跑……"是的，我会一直跑下去。

（佚名）

多努力一次

其实，我成功的全部秘诀就在于我比你多了一次努力。

一对从农村来城里打工的姐妹，几经周折才被一家礼品公司招聘为业务员。

她们没有固定的客户，也没有任何关系，每天只能提着沉重的钟表、影集、茶杯、台灯以及各种工艺品的样品，沿着城市的大街小巷去寻找买主。五个多月过去了，她们跑断了腿，磨破了嘴，仍然到处碰壁，连一个钥匙链也没有推销出去。

无数次的失望磨掉了妹妹最后的耐心，她向姐姐提出两个人一起辞职，重找出路。姐姐说，万事开头难，再坚持一阵，兴许下一次就有收获。妹妹不顾姐姐的挽留，毅然告别那家公司。

第二天，姐妹俩一同出门。妹妹按照招聘广告的指引到处找工作，姐姐依然提着样品四处寻找客户。那天晚上，两个人回到出租屋时却是两种心境：妹妹求职无功而返，姐姐却拿回来推销生涯的第一张订单。一家姐姐四次登门过的公司要招开一个大型会议，向她订购二百五十套精美的工艺品作为与会代表的纪念品，总价值二十多万元。姐姐因此拿到两万元的提成，淘到了打工的第一桶金。从此，姐姐的业绩不断攀升，订单一个接一个而来。

六年过去了，姐姐不仅拥有了汽车，还拥有一百多平方米的住房和自己的礼品公司。而妹妹的工作却走马观灯似地换着，连穿衣吃饭都要靠姐姐资助。

妹妹向姐姐请教成功真谛。姐姐说："其实，我成功的全部秘诀就在于我比你多了一次努力。"只相差一次努力啊，原本天赋相当机遇相同的姐妹俩，自此走上了迥然不同的人生之路。不只是这位姐姐，多少业绩辉煌的知名人士，最初的成功也就源于"多了一次努力"。

（佚名）

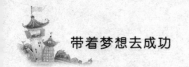

角色假定的惊人力量

> 事情开始顺利起来。后来他才领悟到，其实一切都没有变，是他自己变了：他的胆魄、思维模式都在模仿拿破仑，就连走路说话都像。

榜样的力量是无穷的。这句话，我们人人都能理解。为自己的人生找一个榜样——你最想成为的那一个人。

如果没有现成的，也可"组合"一个。然后，作角色假定，心理学上也叫内模拟，即每时每刻把自己想像成你所希望的"那一个"人。

不仅言谈举止要像，更重要的是思想行为要像。时常反省自己："如果是他（她），会这样想，这样做吗?他（她）会怎样想，怎样做呢?"因为，心态和行为是紧密相连的：积极的心态导致积极的思维和行为，而积极的思维和行为必然养成积极的心态。

有一个法国人，42岁了仍一事无成，他自己也认为自己简直倒霉透了：离婚、破产、失业……他不知道自己的生存价值和从生的意义。他对自己非常不满，变得古怪、易怒，同时又十分脆弱。

有一天，一个吉普赛人在巴黎街头算命，他随意一试。吉普赛人看过他的手相之后，说："您是一个伟人，您很了不起!"

"什么?"他大吃一惊，"我是个伟人，你不是在开玩笑吧?!"

吉普赛人平静地说："您知道您是谁吗?"

"我是谁?"他暗想，"是个倒霉鬼，是个穷光蛋，我是个被生活抛弃的人!"但他仍然故作镇静地问："我是谁呢?"

"您是伟人"，吉普赛人说，"您知道吗，您是拿破仑转世!您身上流的血，您的勇气和智慧，都是拿破仑的啊!先生，难道您真的没有发觉，您的面貌也很像拿破仑吗?"

"不会吧……"他迟疑地说，"我离婚了……我破产了……我失业了……我几乎无家可归……"

"嗨，那是您的过去"，吉普赛人只好说，"您的未来可不得了！如果先生您不相信，就不用给钱好了。不过，五年后，您将是法国最成功的人啊！因为您就是拿破仑的化身！"

他表面装作极不相信地离开了，但心里却有了一种从未有过的伟大感觉。他对拿破仑产生了浓厚的兴趣。回家后，就想方设法找与拿破仑有关的一切书籍著述来学习。

渐渐地，他发现周围的环境开始改变了，朋友、家人、同事、老板，都换了另一种眼光、另一种表情对他。事情开始顺利起来。后来他才领悟到，其实一切都没有变，是他自己变了：他的胆魄、思维模式都在模仿拿破仑，就连走路说话都像。

13年以后，也就是在他55岁的时候，他成了亿万富翁，法国赫赫有名的成功人士。

（佚名）

你的理想是真理想吗？

　　不要讲我辈凡俗人，即便像毛泽东那样的权势，他还会对尼克松说：其实我也就能管到北京郊区。

正在读一本管理方面的书。同大多数美国人写的这类书一样，这本书明显是按照写作大纲完成的，因此它显得缺乏才气，缺乏机灵劲儿，跟你一板一眼地罗列章节，其实很多内容作者自己也未必很有心得，无非因为它在大纲里边所以必须硬着头皮堆上去。不过有一段话我很认同：

当你加盟一家公司，哪怕你有再完美的方案，在你熟悉这家公司的文化、熟悉它是怎么运作的和为什么这样运作之前，最好不要贸然实施，否则你几乎注定失败；而且你将发现，你最终能够实施的方案，与你当初设想肯定大相径庭。

没人教过我这个，而且几乎所有端着个劲儿教你的书也不讲这个，因为它属于智慧的范畴。我们传播经验与规律，但很少人能够传播智慧。

刚才与一个同事同车，她问我做经理人的感受（如果我算的话）。我想了半天回答说，经理人是跟人打交道的，与人相处那可真是一言难尽呢。联系上面这段话，它的意思是说，在你能够与同事们达成共识之前，其实你根本没法做任何事情。而你最终能够做的与当初设想的大相径庭，也因为它其实反映的是大家的意志而不是你的。

可能我们都有过半夜醒来拷问自己的经历：你还有理想吗？你离实现抱负还有多远？那时候，我想很多人不免心情沉重。不要讲我辈凡俗人，即便像毛泽东那样的权势，他还会对尼克松说：其实我也就能管到北京郊区。也就是说，连毛泽东都会为自己理想无法实现而苦恼。

也许应该这样说，我们必须清醒地意识到，你脑子里那个理想根本不是什么理想，它根本不可能实现，哪怕实现了也是一场灾难。真正的理想，它必须是大家的意志达成的共识。可能它显得不那么纯粹，甚至不那么美观，但是你必须去组织和实现。而更能反映你价值的地方，在于你如何去激发大家的想象，并让它在保持大方向的前提下变得可执行。

早先有不少新加盟的同事跟我说，他们带了多少套优秀方案过来，准备在公司大展拳脚。而我一概回答说：忘记你那些伟大的方案吧！在你了解周围同事们想什么之前，你的方案根本无法执行；如果你硬要去做，那你只能得到深深的失望，甚至觉得这家公司怎么如此保守和不可理喻。我希望你开心，不希望你陷入深深的挫败感之中。

那本书里讲的其实跟我一个意思。我不觉得这个想法庸俗或者怯懦。

王安石变法怎么失败的？因为他只说动了一个皇帝，他没法让更多的同僚理解。"天变不足畏，祖宗不足法，人言不足恤"，pose是很好，可惜不能这样去做事。国王那又比王安石权力大多了，王莽一样失败，但谁能说他恢复周礼的理想不好呢。楚庄王成功了，因为他三年不飞三年不鸣，他那三年在干吗，他在观察大家想什么，他要赢得一个共识。

企业里边可能我们没有三年时间不飞不鸣，但三个月的容忍度总是有的。我甚至觉得三个月都太短，起码要半年。当然你因此会面临越来越沉重的压力和焦虑……可能这也正是职业场上难做的地方。

　　最后扯句闲话。我们都读过太多古代知识分子怀才不遇发牢骚的作品，觉得他们受了天大委屈和不公正待遇。其实我想，恰恰是他们的理想没能与合作者达成共识，自然也就无法实现。他们都蛮清高，觉得就自己对而别人都是目光短浅的傻瓜，竖子不足与谋。倒是张居正，可能他的文章诗赋并不怎么高明，但他懂得赢得共识的道理，所以能够成就一番了不起的事业，让明朝又中兴了一下。

　　　　　　　　　　　　　　　　　　　　　　　　　　（李方）

每个生命都有欠缺

　　　　好好数算上天给你的恩典，你会发现你所拥有的绝对比没有的要多出许多，而缺失的那一部分，虽不可爱，却也是你生命的一部分，接受它且善待它，你的人生会快乐豁达许多。

　　在一个讲究包装的社会里，我们常禁不住羡慕别人光鲜华丽的外表，而对自己的欠缺耿耿于怀。但就我多年观察，我发现没有一个人的生命是完整无缺的，每个人都少了一样东西。有人夫妻恩爱、月入数十万，却是有严重的不孕症；有人才貌双全、能干多财，情字路上却是坎坷难行；有人家财万贯，却是子孙不孝；有人看似好命，却是一辈子脑袋空空。每个人的生命，都被上苍划上了一道缺口，你不想要它，它却如影随形。

　　以前我也痛恨我人生中的缺失，但现在我却能宽心接受，因为我体认到生命中的缺口，彷若我们背上的一根刺，时时提醒我们谦卑，要懂得怜恤。若没有苦难，我们会骄傲，没有沧桑，我们不会以同情心去安慰不幸的人。

我也相信，人生不要太圆满，有个缺口让福气流向别人是很美的一件事，你不需拥有全部的东西，若你样样俱全，别人吃什么呢？

也体认到每个生命都有欠缺，我也不会再去与人作无谓的比较了，反而更能珍惜自己所拥有的一切。犹记得我那可称为台湾阿信的企业家姑妈，在年近七旬时遁入空门前告诉我："这辈子所结交的达官显贵不知凡几，他们的外表实在都令人艳羡，但深究其里，每个人都有一本很难念的经，甚至苦不堪言。"

所以，不要再去羡慕别人如何如何，好好数算上天给你的恩典，你会发现你所拥有的绝对比没有的要多出许多，而缺失的那一部分，虽不可爱，却也是你生命的一部分，接受它且善待它，你的人生会快乐豁达许多。

如果你是一个蚌，你愿意受尽一生痛苦而凝结一粒珍珠还是不要珍珠，宁愿舒舒服服的活着？！如果你是一只老鼠，你突然发觉你已被关进捕鼠笼而你前面有一块香喷喷的蛋糕，这时，你究竟是吃还是不吃呢？！

早期的扑满都是陶器，一旦存满了钱，就要被人敲碎如果有这么一只扑满，一直没有钱投进来，一直瓦全到今天，他就成了贵重的古董，你愿意做哪一种扑满？！你每想到一次就记下你的答案，直到有一天你的答案不再变动那就是你成熟了！

（佚名）

摘取最大的麦穗

　　不论是升学、就业，追求爱情、建立婚姻，还是找寻事业的基点、设计职业生涯、人生的自我定位等等，我们眼前都晃动着许多的麦穗，这时需要拥有一双慧眼，从如许众多的麦穗中择其大者而取之。

　　古希腊哲学大师苏格拉底带领三个弟子经过一片麦田，要他们选择一个最大的麦穗，只许前进且只有一次选择机会。

　　第一个弟子走进麦地，很快就发现了一个很大的麦穗，他担心错过这个麦穗就摘不到更大的麦穗，于是就迫不及待地摘下了。但继续前进时，发现前面有许多麦穗比他摘的那个大，但已经没有了机会，只能无可奈何地走过麦田。

　　第二个弟子看到不少很大的麦穗但却也下不了摘取的决心，总以为前面还有更大的，可当他快到终点时才发现机会全错过了，只能在麦田的尽头摘了一个较大的麦穗。

　　第三个弟子先用目光把麦田分为三块，在走过前面这一块时，既没有摘取，也没有匆匆走过，而是仔细地观察麦穗的长势、大小、分布规律，在经过中间那块麦田时，选择了其中一个最大的麦穗，然后就心满意足地快步走出麦田。

　　为了摘取最大的麦穗，三个弟子采用了不同的选择策略。"明者远见于未萌，而智者避危于未形"，无疑，第三个弟子是明智的，他既不会因为错过了前面那个最大的麦穗而悔恨，也不会因为不能摘取后面更大的麦穗而遗憾。他的选择最大麦穗策略是选择的技巧也是放弃的智慧。

　　我们每个人面前是不是也有这样一块麦田呢？生活的幸福、感情的甜蜜、事业的成功，不正是我们所期冀的最大的麦穗呢？可是最大的麦穗在哪里呢？在前面，在后面或是在中间？也许我们错过的正是最大的麦穗，也许眼前的正是最大的麦穗，也许最大的麦穗在后面等着我们；也许永远摘不到最大的

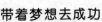

麦穗，也许摘到了却浑然不觉，也许自以为摘到手中的就是最大的麦穗。

由于不同的人对于最大的麦穗持有不同的态度，所以就会采用不同的选择方式。有的人拥有不知珍惜，总以为最大的麦穗在未来等候。有的人患得患失，害怕失去再觅难寻，好像抓住了救命的麦穗而不肯放手。而在有的人看来，他手中的麦穗正是他心中最大的麦穗，虽然实际上那未必是麦田里的最大的麦穗。

不论是升学、就业，追求爱情、建立婚姻，还是找寻事业的基点、设计职业生涯、人生的自我定位等等，我们眼前都晃动着许多的麦穗，这时需要拥有一双慧眼，从如许众多的麦穗中择其大者而取之。

选择造就人生之路，生存的第一法则就是要学会选择，善于放弃，这样才能摘取最大的麦穗，佛家有言："舍得，舍得，有舍才有得"。然而人在面临选择的时候往往是脆弱的，18世纪的诗人荷尔德林曾说过："时代的贫乏在于痛苦、死亡和爱情的本性不能显现,贫乏是自身贫乏"。在选择时往往盲目仓促、举棋不定、患得患失，因为在面临选择之时，面前众多的选择项不能显现其本性。选择意味着放弃，放弃是一种痛苦的选择，有时是需要很大的勇气的，关键是当处于人生岔道口时，能否举重若轻，拿得起，放得下。成功的选择来源于明智的放弃。

时光不会倒流，人生只是单行线。每个人的一生都是这样一块不能走回头路的麦田，最大的麦穗不是一种虚无的概念，而是的的确确存在于麦田的某一个位置，过早的为某一较大的麦穗诱惑或是总期冀后面有更大的麦穗，都将铸成一生的憾事。摘取最大的麦穗需要一种智慧，这智慧源于对自己的自知之明和对麦田的了然于心。

明于选择，智于放弃，这样才能摘取最大的麦穗。

（佚名）

当煤炭遇上了钻石

　　人生，要多学习稳重的功课。人不稳重，未来的路也不会稳！人生的价值会是"煤炭"抑或"钻石"？在于如何面对压力，以及能否不毛躁、不冒进。

　　桌上摆着一块光彩夺目的钻石，墙角的火炉边并放有一些煤炭。

　　煤炭们唉声叹气："唉！为什么我们天生身体黑？天生没价值？天生这副德性？唉！

　　钻石听了很不忍，便开口安慰道："同胞们，别难过了嘛！"

　　煤炭们一听，七嘴八舌地回答："同胞？不会吧！我们是同胞？我们可不像你天生好命，材质非凡呢！别挖苦我们了！我们怎么可能是同胞！"

　　钻石回答："真的，我没骗你们，我们可是远房亲戚呢！咱们的成分都是'碳'，难道不是同胞吗？"

　　煤炭们叹惋道："天啊！老天真是不公平！为什么我们的命运差那么多？"

　　钻石慢慢地说："这是因为——我在地底时承受到了很大的压力，再者，我没有像各位那么早出土，我选择在地下多待了好几千年，所以我们后来的样子会不同。同样都是碳构成的，差异却如此之大！"

　　在这则故事的最后，钻石所告诉煤炭亲戚们的话，也教导了我们两个重要的人生功课：

　　第一、要能受得住压力，否则不易成功。

　　第二、人要懂得"该出头时再出头"，不要浮躁、冒失地强出头，太急於表现，太急於出土，惯于太早秀出自己不成熟的意见、表现……将来您的价值不过是块"煤炭"；在土里多待一会儿，学习稳重一点，内敛一点，谨慎一点，该出头时再出头，该发言时再发言，该表现时再表现，则将来您的价值有可能是块"钻石"。

　　人生，要多学习稳重的功课。人不稳重，未来的路也不会稳！人生的价值会是"煤炭"抑或"钻石"？在于如何面对压力，以及能否不毛躁、不冒进。

成长感悟

　　是"钻石"，还是"煤炭"，决定于受到的压力和历练。人生，不就是这样一个过程么？我们学习、努力，不就是为了有一天将自己打造成"钻石"吗？可是，很多人在被打磨的过程中，欠缺耐心和定力，还不到火候，就急急地出来想灿烂一下。于是，你就成了没有被打磨透彻的"煤炭"，但凡钻石的形成，都是历经持久的磨炼和厚实的积累的。

　　要想成为钻石，那就让自己有足够的耐心去对抗压力，等到积累到一定的程度，我们总能等来发光发亮的那一天。

（佚名）

改变生命的微笑

　　请多一点微笑，无论对任何人。或许这并不能使你避开一场灾祸，但至少会使你成为一个受欢迎的人。

　　小李是一个事业有成的青年，从小继承了数目庞大的家产，使他年纪轻轻，就已经是数家公司的老板。

　　他虽然很聪明很有才能，但也有一个缺点-那就是有一些富家子弟的气息。身上总是穿著至少数十万元的西装，手腕上也带着一个耀眼的劳力士金表，使他看起来确实颇为招摇。而且，他平时为人也非常傲慢，只为自己着想。所以，大家都很讨厌他。

但数个月前的某一天，当我在街头遇见他时，却令我一惊。

因为平时总是身穿名牌的他，竟然只穿着了一件非常普通的T恤；手腕上也没有那只耀眼的金表，而换了一只极便宜的石英表。态度也十分随和，脸上总是带着微笑。

面对这场巨大的转变，我有些不敢相信，甚至怀疑眼前的此人，究竟是不是小李！

一个月前，身穿名牌衣服的小李，走进了一家大型百货公司，想为病床上的母亲买一件礼物。

由于母亲这两天病情有了转机，因此他的心情特别好。

当他停好那部宝马，准备走出停车场时，突然有一个身材矮小粗壮的男人，从侧面猛力撞了过来；不仅没有道歉，还非常无礼的瞪着他。

按照他平时的习惯，肯定会冲上前去理论一番；但他那天不仅心情好，况且是来为母亲买礼物，所以他并没有发火。相反地，还像一个老朋友般，向那个男子点头微笑，并说了一句："对不起!"

看到他微笑的表情和那一句对不起，那个凶狠的男人似乎有些惊奇，并露出了一种不可思议的表情。就在那一瞬间，他凶恶的表情，渐渐软化下来。

突然，他转身向外跑去。

小李当时只是感到有些莫名其妙，也没有在意。后来才发现，手腕上的劳力士表已不知在何时不翼而飞。

回家后小李看到晚上的新闻报道，提到当天中午，在某幢大厦的地下停车场里，发生了一起重大劫案。劫匪砍伤了一个驾驶着豪华跑车的老板，抢去了许多贵重物品。

当屏幕上播出这个劫匪的照片时，小李赫然发现，原来正是那个无礼碰撞自己的男人！显然，当时如果小李与他冲突起来，极可能也会被劫匪砍伤。

望着事主满脸鲜血的惨样，他不禁想到，究竟是什么救了自己，让这个凶狠的劫匪愿意放弃呢？也许就是他当时的微笑–像朋友般真诚的微笑。同时，小李也开始怀疑自己这身鲜亮的打扮，究竟还有什么意义。

就在这个时候，他在朋友的带领下，参加了一场布道会。

在牧师的讲道中，他听到了一个《伊索寓言》中的故事：

从前有一头长着漂亮长角的鹿，来到泉水边喝水，看着水面上的倒影，它不禁洋洋得意

"啊，多么好看的一对长角！"

只是，当它看见自己那双似乎细长无力的双腿时，又闷闷不乐了。

正在这个时候，出现了一头凶猛的狮子，这头鹿开始拼命地奔跑。由于鹿腿健壮有力，连狮子也被抛得远远的。但到了一片丛林地带之后，鹿角就被树枝绊住了。狮子最后追了上来，一口咬住了它。

在临死之时，这头鹿悔恨地说道："我真蠢！一直不在意的双腿，竟是自己的救命工具；引以自豪的长角，最后竟害了自己！"

最后，这位牧师让大家思索，自己生命中那双华而无益的鹿角，和那双坚强有力的鹿腿，究竟在哪里呢？

明白这一点，他的生命开始改变了。

在公司中，从此一个傲慢，不关心他人的老板消失了；而一个态度随和，关心他人，脸上时刻洋溢着微笑的新老板出现了。

最重要的是，自此以后，小李脸上总是带着微笑-那种改变他一生命运的微笑。

请多一点微笑，无论对任何人。或许这并不能使你避开一场灾祸，但至少会使你成为一个受欢迎的人。

生活中多一点微笑，人生中就少一点烦恼。

人与人之间的关心和帮助，就是人世间最珍贵的宝藏。

（佚名）

生命中最纯的底色

生命的富有，不在于自己拥有多少，而在于能给自己多少广阔的心灵空间。同样，生命的高贵，也不在于自己处在什么位置，只在于能否始终不渝地坚守心灵的自由。

一片雪花从天空飘落下来。

在它落下来之前，一缕白嫩的水汽挽住了它的手说，留下来吧，这里有广阔的空间，落下去你将失去自由。它没有犹豫，依然拥抱了一颗细小的尘埃，翩翩地飞落下来。雪花落在一道河床里，冰面张开宽阔的胸怀接纳了它。这时候，有一阵风吹来，冰对雪花说，你留下来吧，把你的洁白与我的洁白融为一体，一同谛听冬的韵律。雪花没有停下自己的脚步，随风又落到一棵树的树干上。下面是一条没有结冻的河，河水汩汩滔滔地流动着。一朵奔涌的水花说，下来吧，与我一起幸福地流浪。

雪花躺在树的枝丫上，岿然不动，它面对着灿烂的阳光，泛着最亮丽的光泽，姿态从容而又高贵。几分钟后，它的形体开始融化，化成一颗晶莹的水滴，湮没在树干里，只剩下它的灵魂在枝丫上高洁地舞动。

就这样，一片雪花，谢绝了一切的挽留、诱惑和接纳，坚持着对自由生命的仰望，任心灵奔逸舒卷，以它生命的独特轨迹，证明着自身的尊贵与圣洁。

生命的富有，不在于自己拥有多少，而在于能给自己多少广阔的心灵空间。同样，生命的高贵，也不在于自己处在什么位置，只在于能否始终不渝地坚守心灵的自由。任何生命的心灵深处都有一棵馨香的大树，即使是天国中飘来的一片雪花，抑或是荒园中一株随风摇曳的野草，甚

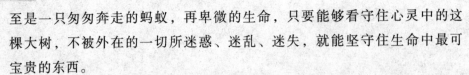
至是一只匆匆奔走的蚂蚁，再卑微的生命，只要能够看守住心灵中的这棵大树，不被外在的一切所迷惑、迷乱、迷失，就能坚守住生命中最可宝贵的东西。

　　这心灵之树，就是你的尊严，你的操守，你的信仰，你的情爱——你生命中最纯的底色。

（佚名）

第四辑　隐形的翅膀

　　一路走来，她的成就已
足够令自己和父母骄傲了。
但童年时那个飞起来的梦想
却总让她挥之不去，她要像
天使一样自由飞翔。

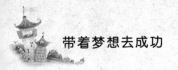

隐形的翅膀

"孩子记住，那双翅膀，就隐藏在你的心里。"

她出生时就没有双臂。懂事后，她问父母："为什么别的小朋友都有胳膊和双手，可以拿饼干吃，拿玩具玩，而我却没有呢?"

母亲强作笑脸，告诉她说："因为你是上帝派到凡间的天使，但是你来时把翅膀落在天堂了。"她很高兴："有一天我要把翅膀拿回来，那样我不但能拿饼干和玩具，还会飞了。"

7岁上学前，母亲请医生为她安装了一对精致的假肢。那天，母亲对她说："我的小天使，你的这双翅膀真是太完美了。"但她却感觉到，这双冷冰冰的东西并不是自己的那双翅膀。在学校里，缺少双臂的她，成了同伴们取笑的对象。假肢不但弥补不了自卑，反而让她深切意识到自己的残疾。随着年龄的增长，她越来越感觉到残疾的可怕：洗脸、梳头、吃饭、穿衣服……她觉得自己是一只被牵着线的木偶，做任何一件事情，都要依赖父母。

课余时间，同学们最大的乐趣是荡秋千，而她只能站在远处痴痴地看着那些孩子们在空中飞舞着，欢笑着。只有他们走完后，她才偷偷坐到秋千上，忘情地荡起来。这个时候，她会闭上眼睛，听耳边掠过的风声，想象自己找回了失去的双臂，像天使一样在操场上空飞翔。

14岁那年的夏天，父母带她乘船到夏威夷度假。

每天，她站在甲板上，任两截空飘飘的衣袖随风飞舞，每当看到海鸥在风浪中自由飞翔，她都情不自禁地叹息："如果我有一双翅膀多好，哪怕只飞一秒钟。"

"孩子，其实你也有一双翅膀的!"一个苍老的声音在她耳边响起，她循声看到了一位黑皮肤的老人，吃了一惊，因为这位老人没有双腿，整个身体就固定在一个带着轮子的木板车上。此刻，老人用双手熟练地驱动着木板车，在甲板上自由来去，她看呆了。她了解到，老人是十年前从非洲大陆出发的，如今已经游遍了世界五大洲的70多个国家，而支撑他"走"遍世界的，就是一双手。"孩子记住，那双翅膀，就隐藏在你的心里。"船靠岸那天，老人的临别赠言让她整颗心一下子飘荡起来。

她开始练习用双脚做事。她用脚夹着钢笔练习写字、梳头、剥口香糖，为了让双脚保持柔韧有力，她每天通过走路和游泳的方式来锻炼。过于劳累，使她的脚趾经常麻木，抽筋。有一次，她在游泳池里过于疲惫，以致两个脚踝竟然同时抽搐。她在水中拼命挣扎，喝了一肚子水，所幸被教练及时发现，将她从死亡的边缘拉了回来。不懈努力让她的双脚越来越敏捷，她的脚趾开始能像手指一样自由弯曲，不但学会了打电脑、弹钢琴，还获得跆拳道"黑带二段"的称号。坚强与自信让她渐入佳境，由于成绩出色，她获得了亚利桑那大学心理学学士学位。但是，她的努力并没有停止。她开始练习用双脚来开汽车，事实上，她比普通人更快拿到了驾照。

一路走来，她的成就已足够令自己和父母骄傲了。但童年时那个飞起来的梦想却总让她挥之不去，她要像天使一样自由飞翔。

一次培训残疾飞行员的机会让她欣喜若狂。她认定这是属于自己的机会。获得轻型飞机的驾照，需要学习6个月，她却用了整整3年时间。她先后求教过3名飞行教练，并挑战各种天气状况，飞行时间达到了89个小时。经过艰苦训练，她能够熟练地用一只脚管理控制面板，而用另一只脚操纵驾驶杆。这让教练惊叹不已。

这位身残志坚、可以用双脚熟练驾驶轻型运动飞机，并成功通过私人飞行员驾照考试的女孩杰西卡，今年23岁，是美国历史上第一个只用双脚驾驶飞机的合法飞行员。

（感　动）

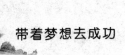

摇着轮椅上北大

　　"北大是我儿时的向往。翻译是我最大的心愿，我从小没有受过正规教育，我要在这里实现我的梦想。"

　　她是一个普通的女孩。因为一次变故，她的生命核能被激发了。这个小学未毕业的弱女子，完全依靠自学，成了北京大学百年历史上第一个残疾女博士。

　　她曾有一双弹跳如簧的腿。在读小学的时候，她的梦想是当一个舞蹈演员。

　　一切的转折在1981年5月9日，她刚刚11岁，正读小学五年级。体育课上练习跳远，她不小心崴了脚，母亲发现后把她带到了医院。

　　这一去，孩子却从此走上了一条谁也意想不到的人生道路。医院的误诊，导致高位截瘫。

　　以臂为半径，她的世界只有两平方米。她只能仰躺在床上，不能侧身，不能翻身，更不能坐起来……

　　然而，无腿的她开始了一场令世人匪夷所思的攀登，一起上路的还有她的父母。

　　母亲日夜操劳，端水喂饭，梳头洗脸，她生了褥疮，后背溃烂，母亲时时扶她翻身。大小便失禁，被褥需要天天清洗，母亲的手指竟变成了畸形，像树根一样曲折了。

　　父亲爱好音乐，拉得一手小提琴，可现在，乐器全藏在了床下，被老鼠咬断了弦。他学会了打针，成了女儿的保健医生，每天夜里帮她按摩和屈伸双腿，一次、两次，直至2000次……固执的父亲总希望突然有一天，女儿猛地站起来，笑盈盈地说："爸，妈，我好了，上学去了。"

　　在母亲的搓衣声中，在父亲的按摩声中，她用三年时间自学了全部初中、高中课程。最让人难以置信的是，物理、化学等需要做实验才能弄通的原理和公式，她也全部揣摩透了。

胸中的世界慢慢大了起来，有了阳光，有了笑声。

一次偶然的机会，得知自己可以报名参加英语自学考试大专班，她眼前一亮。

大专班的教室在五楼，每次上课的时候，父母轮换着把她背上去。到教室后，她坐不稳，父母就用四个课桌把她紧紧地挤在中间。但仍是不稳，身体在课桌间直摇晃，她的双手只得抠住桌沿。为了避免上厕所，她不吃饭，不喝水。

上课的时候，健全人大都嘻嘻哈哈，心不在焉。只有她认认真真，字斟句酌，如春蚕食桑，全变成了腹中经纶。毕业考试的时候，全班30多名同学，只有她一次性全部过关。

1996年初，她参加了山东大学在邯郸开办的英语研究生班。在硕士论文答辩现场，教授紧紧握住她母亲的手，说："感谢你培养了一个好女儿，这是我们十年来听到的最好的论文答辩……"

2002年底，她试探着向四所大学的博士生导师各写了一封信。

一周后，只有北京大学的沈弘教授回信了。这位从剑桥大学留学归来的博导欢迎她报考，并"坚持择优录取"，至于残疾情况，他只字未提。

她一头扎进书海里，开始了最后的冲刺。分数出来了，她考了第一名。

北大百年历史上从没招收过如此高度残疾的博士生，但国家明确规定：各大学不得以任何借口拒招残疾学生。面对这个从未有过的难题，北大犹豫了。

招生办的一位负责人试图劝退她，却又不好明言，便与她进行了一次网上对话。

"北大博士不好毕业，好多人都延期，你的身体和经济条件能承受吗？"

"北大是我儿时的向往。翻译是我最大的心愿，我从小没有受过正规教育，我要在这里实现我的梦想。据我所知，桑兰也是高位截瘫，去年被北大新闻学院（本科）录取了……"

这时，沈弘教授站了出来，向学校写信："在国外，我从没有听说过因残疾而被大学拒收的先例……"北大招生办经过多方权衡后，终于向她伸出了欢迎的手。

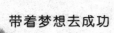

她报到的时候，校领导指示破例为她单独分配一间宿舍，允许家人陪读。更让她感动的是，第二天，她将经常出入的房间、楼道、厕所、教室等地方的台阶被全部铲平，代之以适合轮椅行走的平缓通道……

（李春雷）

为自己伴奏

想想这十年我的岁月和心灵的历程，我能猜到眼前这一切曾经给这个充满着青春气息的少女，一个想当第一流歌唱家的少女带来多少个泪水打湿的夜晚。

我上中学时有个同学小雅，她长得文文静静，我们都叫她啊芳，因为她的模样特别像电影《英雄儿女》的女主角王芳。她家就住在我家楼后小树林那边。那是一座六十年代盖的红楼，她家在二楼，窗户底下有一个大牌匾：爱国粮店。

小雅不大爱说话，一说话就脸红，可她唱歌却很大方，她的嗓子亮亮堂堂老远就能听见。我经常带着我那只八个贝司的破手风琴去她家玩。小雅特别羡慕我能自拉自唱，我说，这有什么呵，这是很容易的事情。我总是愉快地为她拉琴，我们唱一些人们很难听到的老歌。那时候人们常听的歌是《白族人民爱唱歌》、《红太阳照边疆》、《家住安源平水头》什么的，而我们就唱《照镜子》、《送你一支玫瑰花》、《夏夜圆舞曲》。夏天开着窗，我们经常听见窗外有人喊：再唱一个！或者是一个孤独却很响的掌声，可是我们决不往楼下看，我们不想让人们知道这是两个中学生的小把戏，让他们想象这是两位歌唱家吧。

一天，我们俩唱完歌立即背起包上学，走到楼下看见一个骑自行车的人还在路旁的树荫下往上看，还有两个披雪挂雾似的粮店营业员也抻着脖上往上看，其中一个女的说：怎么不唱了？

小雅拉拉我的手，我们怀着一种美妙又神秘的心情走过他们，没人知道我们就是歌唱家，我们坚信自己一定会成为第一流的歌唱家，整个一条街上没人理解我们。我和小雅不约而同地看了粮店营业员一眼，我们的未来决不会干这种工作，我从小雅的眼睛里也看到了这句话。

岁月匆匆地从我那沙哑的手风琴中流过。我们中学毕业了。我做了知青，小雅在家待业。没有了歌声，也没有了消息。后来我考上了大学，毕业后分在太阳岛教。教生涯开始了，我每天匆匆忙忙赶通勤车到江边，再乘渡轮去太阳岛，每天三小时路程，夜晚还要备课改作业，白天说是一身粉笔灰，别说想当歌唱家，连唱歌的力气也没了。

一个星期天，我去爱国粮店买挂面。中午，粮店里人不多。我把开好票的粮本交给营业员的一刹那，我们都愣了。是你？那个一身面粉，刚从云雾中钻出来似的营业员就是小雅。她亲热地拉住我的手，一定要我上楼到她家去坐坐，她说，下午我休息，她把我带进更衣间，关上门，她拿热毛巾快速地擦擦头脸，然后换上一件苹果色连衣裙。她不停地问这问那，你妈好吗？弟弟好吗？你家那盆君子兰还开花吗？你的单位在哪个区？

太阳岛，我以为她没听清又说一遍：在太阳岛。

是吗？小雅的眼睛闪着兴彩，她说：这太好了！那里的环境多好呵！

我还以为你说不好。太远了。为什么不好？我就喜欢上班远，越远越好。

越远越好？我还是头一回听说有人羡慕上班远的，远有什么好？

走远路穿漂亮衣服才值得，你说呢？

你现在就很漂亮，小雅。

我也这么觉着，穿漂亮衣服自我感觉好，我就要这种感觉。小雅笑了一下，只可惜这么好看的衣服我每天只穿着它们走几十步路。走吧，小雅代我提上那十斤挂面：上楼。

还是那黑黑的楼道，还是那间小小的房间，只有她和妈妈住。十年过去了，窗外那棵杨树已经变粗，枝干快挨上窗台了。

这棵杨树都这么粗了。我说。

咱们多少年没见了？小雅给我端来一杯茶，她又换了一身粉红色的居家服，看上去随意

又可爱，我发现小雅一点没老，而且比过去更热情开朗富有风韵。我喝了一口茶：小雅，你还记不记得这树下有个骑自行车的人了？

这树下站过好多人听歌呢。有个掌鞋的，你还记得吗？

有掌鞋的吗？我忘了。

也可能你下乡了。她说着又端来西瓜。

那时你也唱歌吗？

一直唱，天天唱，你呢？

也唱，可是没天天。

小雅和我相视而笑。我问她这些年怎么过的，她轻轻一笑说：就那么过来了。

我看见她写字台的玻璃板下压着裁剪班学员证，一张三级厨师资格证，还有一张业余歌手比赛一等奖获奖证。这都是你的？我问她。她点点头。

每天怎么练声呢？我问她，谁给你伴奏？

自己给自己伴奏。她说。她让我看她新买来的电子琴，那是一架很小的电子琴。她说，我弹不好，给自己伴奏还勉强。

给自己伴奏？我望着像火焰一样的小雅，在我眼前飘来荡去，她使房间充满了夏天。她翻着歌本，那些发的手抄谱子一页一页翻过，我眼前却一次次闪现着那条黑黑的楼道，那个充满面粉味的小店。想想这十年我的岁月和心灵的历程，我能猜到眼前这一切曾经给这个充满着青春气息的少女，一个想当第一流歌唱家的少女带来多少个泪水打湿的夜晚，而这一切并没有毁掉她对美的追求。她以全部的纯真和热情回报着人生。这需要多么坚强。

我变老了吗？她问我。

没有，我正想告诉你这个，小雅，你变得更好看了，你变成一个会给自己伴奏的人了。

我走到院门口又回头看她，小雅的眼睛充满了泪水，可是那颗泪珠始终没掉下来，我能想象那棵泪珠的分量，尽管小雅没有跟我提过一个字，关于那些日子，我可以想象，想象就足够了。

（萌娘）

天使飞过

　　她静静地坐着，头靠在墙上，两颗闪着光的清泪从闭着的眼睛中流出，长长的睫毛也没能阻住它们。

　　每每想起她我还是会心痛，就像是被撕裂了一样的疼痛。尤其是在高中同学聚会上，总有人会提起，总有人会落泪，那个烙在我们心中的她。还记得刚考人一中，坐在高一 (4) 班教室里。班主任安排男女生同桌，我便和她坐在了一起。她，就是那么醒目，黑黑的皮肤，却爱穿白色。小小的眼睛，又一直不停地眨着。她很怕热，总是就这么让汗流着，下课洗把脸，用小毛巾擦擦。我递给她纸巾，又被她还回来。班里有人丢弃废电池，她会跑去捡回来。

　　与任何一个班级一样，我们班里也有爱吵吵闹闹的男生，爱叽叽喳喳的女生。大事没有，小事不断地走到了高三。3月我们去体检，又是出人意料地，我们再次将目光集中在她身上。

　　只有她是惟一一个全部合格的人，而我们大都是"眼镜兄"与"眼镜妹"。再接下来有体育测试，她力气很大，能够将实心球扔老远，能轻轻松松地做俯卧撑，就连开玩笑时都能弄疼别人。但是她却不擅长跑步，可以说高二以来她的50米和800米就没及格过。连一些平时多病的女生都能跑过来，可她却总在800米中停两三次。我们取笑她说她像只小猪，尽管她并不胖。这体育测试怎么办呢?我问她。她笑了笑，露出两排好看的牙："就这么过。"

　　周一全校大会上，校长朗读了一封表扬信，是我们班的，确切地说是市红十字会给她的表扬信。她去献血了，是年龄最小的一个，我们半年前刚举行过成年仪式。又一次地，我们的目光都射向她。当然我明白这其中有敬佩也有不屑。我问她献血前问过父母吗。她说："没有，问了他们我就去不成了。"看着我的表情她又说："不过，他们会为我感到骄傲的。"她笑了。她笑起来小眼睛就眯成了一条线，我就爱看这样的她，我觉得这是一件很美的事。

体育测试那天，"这次我要拼了老命地跑啦！"她冲我挥挥拳头。"加油！"我送给她一个胜利的V，在心中已然打定主意，当她跑不动时去拉她。男生先跑，我很顺利地过了关。在体育老师担心的目光下，她开始了800米。我数着，一圈、两圈，她越跑越慢，我做好了拉她的准备……她的步子越来越小，轻轻地，好像怕震碎什么，人也有些摇摇晃晃了。我跑上去，她停了下来。"跑啊，跑起来！"我大叫，只希望她能及格。她看了我一眼，眼里充满了一种不知名的东西，然后她用手捂住胸口吐了起来，倒在了地上。我直愣愣地看着倒在地上的她，看着一群慌乱的人把她送上救护车。许久，我的脚才恢复知觉。

第二天她便来上学了，像往常一样快快乐乐穿着白衣服。"你怎么了？"我问她。"没什么呀！干吗？"她很寻常地说，眨了眨眼笑了，用左手背抚着左边的头发，这是她的习惯动作。我只能傻笑，然后转回头，一直不敢看她的眼睛。下课后，班主任找到她，我看到她摇摇头，耸耸肩，又摊摊手，脸上笑得灿烂。然而三天后，她就从班中消失了。看着身边空着的位子，我的心里一直不平静，到底是怎么了，她可从不请病假的。在下午的语文课上，班主任讲着我们上周的测验卷，最高分得主是应该坐在我身边的她。老师讲讲题便看一眼空位。

卷子只讲完两大题，老师就被人叫了出去。临走时，她说："自习！"第二天，班主任走进教室，站在讲台上。我抬起头来，发现她正缓缓地注视着我们每一个人，柔和的目光中加着一种闪亮着的东西。"同学们，"她以一贯的语气说，却停了一下。其他人都抬起头来，大概都以为又有什么表格要填吧。只有四个月了，高三总是很忙的。"同学们，"她又说，却还是没有下文。"怎么了？"我突然大声问。大家都被吓了一跳，都看着我。然后我们从老师口中听到了关于我同桌的消息，足以使得我们这群只知学习的麻木的人吃惊好一阵子的了。

她病了没错，可是，得的是脑癌，是晚期了。一下子，我们安静了下来，这一天，没人再闹事了。

后来，在4月初的一天，我刚走到校门，有一辆车很稳地停在我身边。车门打开，是她。我心中亮了一下，"嗨，"她叫道，我往车迈了一步，嘴张了张却什么也没有说出来。她由父亲扶着，慢慢往四楼走。只半个月，她需要人扶了。我的心抽了一下，只低着头跟在她和她父亲身后。她又坐在了教室里，只是她坐到了最后一排。下午时，我又看见她在吐了，并不断用手捶打着头。

我跑上去，抓开她的手。她抬头看着我，我看到了她的眼睛，猛然放开了手。我一下子感到了害怕，我终于明白她的习惯动作的含义，也明白她为什么要跑跑停停了。接下来的一段时间，我都在颤抖。

　　4月下旬，早自习，又要填表格了。我们在老师的指导下凝神静气地对付这张东西。"报告。"有人小声说。我听声音就知道是她，门口的她却比往常矮了一大截——她坐在轮椅中。

　　身后，她的父亲站着，他说："老师，她硬要来，麻烦你了。"他努力牵动面部肌肉，勉强笑了笑。"好，好。"班主任走过去。轮椅被推到了最后，经过我时，她冲我笑了笑，我发现她不再是以前那种黑黑的样子了。下午第四节课是自习，班主任来了，她说："改成班会吧。"然后我们便一齐望向她。她笑了笑："怎么？"我们很安静地看着她。班主任也静静地站着，教室里一片静寂，连大声的呼吸声都没有。突然有人打了个喷嚏，并很快说了声"对不起"。她笑出了声，我们也笑了。"说吧，大家都说一下自己喜欢什么。"班主任开了腔。

　　"我喜欢听音乐。"

　　"我爱逛街。"

　　"我，嘻嘻，我喜欢玩游戏。"

　　大家都按顺序，一个一个挨着说，轮到大胖，他搔搔头说："我爱吃牛肉拉面。"顿时，一屋子人都笑翻了。慢慢地，又都静了下来，因为轮到她说了。"啊，我啊。"她说，脸红了起来，特别明显。她脸上剩余的笑意渐渐凝结，我听见她的声音在教室中响起，慢慢传开——

　　"我爱阳光和生命。"然后，我们都沉默了，也没有谁再说些什么。接下来的日子，我们过得比一般高三生要辛苦。男生每天轮流背她上四楼，女生则帮助搬轮椅与打午饭，还有解决她上厕所的问题。

　　那天，我背她，我说："很荣幸啊，小猪。"她扯了一下我的耳朵："你嘲笑我。"我傻笑了一下。她接着说："以后听了随身听，用完的电池不要乱丢知道了吗？"我很用力地点点头。

　　"还有，听我的，不要用纸巾了吧。你看我从不用的……"我又点点头。只感觉鼻子酸酸的。我们发现她很少上厕所，有时能坐一天。头顶上的风扇慢慢地转着，看着她泛白干燥的嘴唇，一些女生都快哭了，她们几乎是央求着她喝些水。

我们上课是前所未有的认真，以前在眼前跳动的公式也不再烦人了。直到有一天，给她打饭的女生将饭盒放在她面前时，发现她竟然拿不到插在米饭中的白色小勺。那个女生默默地拿过送到她手里，一同在教室里，我们竟没有发现她早就看不清东西了，而她还坐在最后，每天都微笑着听课。我们好像一下子成熟了许多。6月上旬，有一场模拟考，中旬就是填志愿，一切都有条不紊地进行着。我还记得那天是6月4日，照她的话说是个很可爱的晴天。午休时，我们睡觉的睡觉，做题的做题，教室里只有风扇的呼呼声。突然有人哼歌，细细的声音钻进每个人的耳朵，是她！哼着哼着就停了，"对不起。"她说，然后笑了。

接下来是语文课，班主任走进来，讲题。天很热，但没一个人睡着。班主任说着说着突然定格，右手还举得老高，粉笔从指间落下，掉在地上。她一下捂住嘴。我们全都回头，我的心狂跳了一下，不知道回了头会怎样。教室最后，她静静地坐着，头靠在墙上，两颗闪着光的清泪从闭着的眼睛中流出，长长的睫毛也没能阻住它们。泪在她灰白色的脸上兀自淌着，淌着，然后滴了下来。我们都听到了那"啪"的泪滴跌碎的声音。有人哭了，一个，两个……我的手背上也滴上了水，冰冰的，赖在那里不肯走。这一天，距她第一次晕倒只有72天。

后来我们才知道，她是在救护车上走的。那时，泪还未干。那年，我们都考上了大学，一个不少，创了学校里的奇迹。我读的是医学院，离开了这座叫人心痛的城市。我总是叫身边的人不要乱扔废弃的电池，尽量少用纸巾。我总是买一个牌子的香皂。我总是听林忆莲的歌。我总是会寄钱资助失学的孩子。因为，我还记得她的话。因为，我还记得她身上清爽的香皂味。因为，我还记得她那天哼的歌。因为，我还记得那颗跌落的泪。

（佚名）

16岁的唇彩

那个曾经自卑到试图用别人的称赞，来鼓励自己的女孩，终于长大到可以拥有一管唇彩的年龄。

16岁那年，我在杂志上发表文章，有一个邻城的男孩写信给我，说，好喜欢你的文字。那是我第一次从一个异性那里，得到这样真诚的赞美。我的心即刻像那娇羞的莲花，无限温柔下去。

于是便开始书来信往，把心底最细腻的一份情思，悄无声息地写在纸上，附在美丽的邮票上，而后投进丁香树下绿色的邮筒里。那是最美好的一段年少时光吧，我的心里，充溢了欣悦和羞涩，少女的所有忧伤和欢喜，晦暗和明亮，第一次，在一个男孩子面前，花儿一样，带着初恋特有的甜蜜和清香，一瓣瓣绽放开来。

有一天，在信里，男孩子说，我们见面好吗?你来，或者我去。我握着信疯跑到操场高高的看台上，而后再往下一步步走。我终于体会到那种晕眩的感觉了，它那么真实地环绕着我，就像那些云朵偎依着霞光，光芒让它们无处可逃，亦不想去逃。

路过一个楼梯口的镜子前时，我无意中一瞥，看到的，不仅是脸上少女的红晕，还有一个衣着素朴戴了眼镜的拙笨又毫无灵气的女生，那才是真正的我!一个除了写字，再无优点可以展露的女生。文字里的我，不过是梦里渴盼中的，那个有许多人来喜欢的完美女孩。可是，偏偏，除了妈妈，再无人说过我是美的。老师们总是说，你这样平凡的女孩，如果不好好学习，还能做什么呢?周围的女孩子也说，看安是一个多么平淡无奇的人啊，她连唱歌都走调呢。

但我还是在男孩一次又一次的请求里，回信给他，说，好，我坐车去你的城市。

信寄出去的那一刻，我便开始搬出自己所有漂亮的衣服，一件件地用清水洗，去除那些折叠的痕迹。我又取了自己积攒下的钱，去眼镜店，悄悄配了隐形。店主是个温和的女人，她看着我额头新冒出的旺盛的痘痘，柔声说，你这么小，戴隐形对眼睛不好的。我低头不言语，只是哗哗倒出大堆的零钱，一个个数好了，便转身飞快地跑掉。回家后妈妈看着我洗好的衣服，揉揉我乱蓬蓬的头发，说，什么时候安这么勤快了呢?我闻着衣服上太阳的香味，突然地笑了，我昂头冲妈妈撒娇，说，安真的变了吗?妈妈笑，说，是啊，安16岁了，比以前更可爱乖巧了呢。

是妈妈的这句话，让我一下子充满了喜悦和信心。我想起那件从没有勇气穿出去的蕾丝花边的公主裙，想起可以与之搭配的浅粉色凉鞋，还有能够将头发松松挽起的紫蓝色丝带。或许，它们会让一只丑小鸭，漂亮起来吧，我想。

就这样坐上了去邻城的汽车。躲在角落里，掏出一面小镜子，将从妈妈梳妆台上偷偷拿来的一管口红，涂了又涂，擦了又擦。最后，在镜子里，看到一双惊讶看过来的眼睛，才手足无措地将口红放起来。但还是因为慌张，把一道难堪的红色污痕，赫然划在了洁白的裙子上。我拼命地擦啊擦，但那痕迹，却是愈来愈鲜明，直至最后，我终于难过地决定放弃。

那时，车也慢慢地开进邻城的小站。我在小站的门口，看见一大堆来接站的男人女人，一脸的慵懒，也一脸的灰尘。这只是一个灰扑扑的小城，并没有男孩信里描述的枝干苍劲的法桐，和干净清爽的青石板路，而他说过的那些沿街叫卖花儿的女子呢，怎么也全然没有痕迹?

我坐在车里，看到眼睛疼了，才终于相信，他没有来，也不会再来了。因为，他或许根本就是一个比我还要自卑的男生。他撒了谎，却不像我，有勇气来面对那些原本善良的谎言。

悄悄地回到家，看见母亲正帮我整理卧室。她依然笑着问我，安今天在学校补习功课开心吗?我走过去，突然从背后拥住妈妈。无声地哭了。过了许久，妈妈才回转身，温柔地问我，知道你配了隐形，是不是因为不适，后悔了?我没有抬头，哽咽不止，说，妈妈，安在没有读大学以前，再不会戴隐形了。妈妈便拍拍我的脑袋，笑道，可是不戴眼镜的安的确漂亮呢，妈妈相信你今天一定是班里打扮得最漂亮的女孩子，对不对?没有人比我们安，更像是公主呢。

后来有一天，我在自己的抽屉里，发现了一管崭新的美宝莲的唇彩，还有一副小巧的隐形眼镜盒。我摘下笨重的眼镜，小心翼翼地戴上隐形，又对着镜子，淡淡地涂上一层唇彩，那个素朴的我，即刻变得鲜亮润泽起来。那一天，我18岁，即将进入大学，这份特殊的生日礼物，是妈妈给的。她在留下的纸条上说，安，今天，你终于长大，可以无需再那样卑微和自怜，我的女儿，可以勇敢无忧地去追求真正的爱情和美丽……

那个曾经自卑到试图用别人的称赞，来鼓励自己的女孩，终于长大到可以拥有一管唇彩的年龄。而成长中的苦涩与疼痛，也在这样的时候，如轻烟一样，从容自然地淡去了。

（安　宁）

阳光的故事

"有时候我们只需要单纯的东西。"

　　他第一次给我们上课的那天，我穿着一套纯白的裙子，里面套一件蓝色低领衬衣，很洁丽地坐在那里，上课铃响，他推门而入，穿着一件宽大的灰西服，亦是低领衬衣，不注目但很入眼，看见我，他怔了一怔，我朝他微笑了一下，他没笑。他走上讲台低声说："我姓周。"然后在黑板上写出两个大字：色彩。又低声说："今天我们就讲这个。"接着亦是低低地讲述说，任何色彩都不是单纯的，它们所蕴涵的意义也必然是多重的。红色热情而又残忍，蓝色宁静而又凄寒，绿色蓬勃而又喧嚣，灰色淡泊而又死寂。"每一种色彩都相当于一个文学词语或一个音符，它们完全可以用来写诗或歌唱，关键看人们赋予它们怎样一种灵魂和思想。"这一节课很多人都昏昏欲睡，我却感到如水的清晰，下课后我跟着他走出教室："您忘了布置作业。"

　　"你是美术课代表吗？"他头也不回。

　　"是的。"

　　"你的任务很轻松，我的课永远也没有作业，你叫什么？"

149

"乔叶。"

他停下来："上一位美术老师就是因为你经常当众纠正他的白字才恼羞成怒调到行政科的?"

"赶走他的不是我,是他自己。"

"你为什么朝我微笑?"

"这是我的权利,"我生硬地回答:"我很少向人微笑,除非我认为他能理解我的笑容。"

他温和地笑起来:"我也是。"

第二次上课他讲的是坛子的美感,深刻而精彩。下课后我向他要教案看,"到办公室来拿吧。"他说。到了办公室,他泡了杯茶让我慢慢地品,我突然醒悟过来:"你是不是根本就没有教案?"他做了个鬼脸:"好老师是从来不备教案的。"我们俩像小孩子做了个心满意足的恶作剧似的大笑起来。笑过之后,我们都默默地坐着。上课铃漫长地响起来,他叹了口气:"你不像个高中生。"

"心灵和外表有时候没有必然联系。"

他拍了拍我的肩膀,没有说话。

我很喜欢山上一种叶形很美的野草,经常将它们插在罐头瓶里放在课桌上,偶尔也送一束给他。有一次他领着我们到山上写生,人群很散落,我和他坐在一块梯田边,他随手采了一把那种草,问:"这草叫什么名字?"

"枫叶蓝。"

"这是你的名字。"

我看着他。

"这草本非枫叶,你取名枫,乃是经典的理想主义者。枫叶红色,你取名蓝,红蓝相融虚实相交而为紫,紫色高贵脱俗,所以你必孤寂;紫色又是淤血的颜色、伤痕的颜色,所以你必忧伤。总之你虽有青春表面,却掩饰不住一个理想者固有的悲哀。"

我泪如泉涌,逼问:"你呢?你呢?"

沉默了一会儿,"我也是。"他说。

后来有隐隐的风声吹动,说我与他如何如何,好朋友细究穷研地问我,我突然感到一种撕心裂肺的疼痛,狂喊道:"有的有的!只是还没有萌芽就被杀死了！"说完就不顾一切地去找他，他正站在走廊上，看见我，就微笑起来："跑那么快做什么？"

"想告诉你一件事。"

他静静地看着我，把一只手伸过来："这是什么？"

"手。"

"手里是什么？"

"阳光。"

"阳光是什么颜色的？"

"无色。"

"赤橙黄绿青蓝紫。你该学过物理上的三棱镜折光原理，这么丰富的色彩融合起来就是如此单纯的阳光。"

我默默地盯着这只手。

"有时候我们只需要单纯的东西。"

我的泪水又一次夺眶而出。

毕业前夕，我请他在纪念册上留念，他简洁地勾勒出一束枫叶蓝的轮廓。

"再见。"他微笑着说。

"再见。"我也笑着。下楼走了很远很远，还看见他站在阳台上，暮春的阳光温柔地笼罩着他，这时候我才发现，我们已经从春天外面静静地走了进去。

那一年，我十八岁。

（乔　叶）

侍 中

　　罗曼·罗兰曾说过这样一句话："我没有权利去做或说任何事以贬抑一个人的自尊。重要的并不是我觉得他怎么样，而是他觉得他自己如何。伤害人的自尊是一种罪行。"的确如此，在生活中，我们一定要给他人留面子，减少对他人的伤害，这同样也是对自己的宽容。

　　原为正规官职外的加官之一。因侍从皇帝左右，地位渐高，等级超过侍郎。魏晋以后，往往成为事实上的宰相。《出师表》提到的郭攸之、费祎即是侍中。

管家的小提琴

　　埃德蒙是一个很有名的音乐家。这天中午，埃德蒙突然听见楼上卧室有轻微的响声，是阿马提小提琴的声音。

　　"难道有小偷？"埃德蒙连忙冲上楼，果然，一个大约13岁的陌生少年正在那里摆弄小提琴。

　　少年头发蓬乱，脸庞瘦削，一身外套极其不合身，似乎在里面塞了很多东西。一看就知道，这是个小偷，他连忙用自己结实的身躯挡在了门口。就在这时，少年看到了他。一双眼睛里立即充满了惶恐、胆怯和绝望。

　　这眼神一下子把埃德蒙打动了，愤怒的表情顿时被微笑所代替。

　　"你是丹尼尔先生的外甥琼吗？我是他的管家。前两天，丹尼尔先生说你要来，没想到来得这么快！"埃德蒙微笑着说。

　　那个少年先是一愣，但很快就回应说："我舅舅出门了吗？我想先出去转转，待会儿再回来。"埃德蒙先生点点头。

　　少年连忙把小提琴放下，打算离开。

"你也喜欢拉小提琴吗?"埃德蒙问道。

"是的,但拉得不好。"少年紧张地回答。

"那为什么不拿着琴去练习一下,我想丹尼尔先生一定很高兴听到你的琴声。"埃德蒙语气平缓地说。

少年疑惑地望了望埃德蒙,迟疑了一下,最终拿起了小提琴,临出客厅时,少年突然看见墙上挂着一张埃德蒙在歌德大剧院演出的巨幅彩照,身体猛然抖了一下。没有哪一位主人会用管家的照片来装饰客厅,少年立即明白了怎么回事。他立即加快了脚步,甚至是跑出了埃德蒙的家。

晚上,埃德蒙的太太察觉到异常,忍不住问道:"亲爱的,你心爱的小提琴坏了吗?"

"哦,没有,我把它送人了。"埃德蒙缓缓地说道。

"送人?你那么珍爱它,怎么可能把它送人?"太太一副难以置信的样子。

"如果一把小提琴能够拯救一个迷途的灵魂,我愿意这样做。"埃德蒙缓缓地说道。

随即,他向妻子讲述了中午发生的事情。妻子听了,很为埃德蒙的决断感动。

三年后,埃德蒙应邀担任一次音乐大赛的决赛评委。一位叫里特的小提琴选手凭借雄厚的实力夺得了第一名。颁奖大会结束后,里特拿着一只小提琴匣子跑到埃德蒙先生的面前。

"埃德蒙先生,您还认识我吗?"小伙子脸色绯红地问。

埃德蒙觉得似曾相识,但是又不能确认,只好摇了摇头。

"您曾经送过我一把小提琴,我一直珍藏着,直到今天!"里特说着说着,热泪盈眶,"那时候,几乎每一个人都把我当成垃圾,我也以为自己彻底完了。但是您让我在贫穷和苦难中重新拾起了自尊!现在,我可以无愧地将这把小提琴还给您了!"

说完,里特含泪打开琴匣,将那把阿马提小提琴归还给了埃德蒙。埃德蒙的眼眶也湿润了,他走上前紧紧地搂住了里特,原来他就是那个"小偷少年"。多年来,埃德蒙一直为自己所做的这件事感动。他保全了少年的自尊,感化了他的心灵,更改变了他的人生。

(佚名)

贴年画

"腾出一只手"给别人，肯定会牺牲自己的利益，只有人格高尚的人才能如此行事。这种无私的爱只在于过程，而不在于结果，无论被托举者最后是否伟大，无论能否得到回报，都不影响爱的价值。

年画是中国民间最普及的艺术品之一。年画与春联同出一源，都是从"神荼、郁垒"和"秦琼、敬德"的门神像发展来的。不过春联向文字方向演变，而年画仍然保留了绘画样式，只是内容大大扩展，形式丰富多彩了。我国收藏最早的年画可能是南宋的木刻年画《随朝窈窕呈倾国之芳荣》，画的是昭君，飞燕，班姬，绿珠四个名模女郎。饶有情趣的年画《老鼠娶亲》民间广为流传。随着版印技术的改进，年画的发展日新月异。近代以来，我国年画百花齐放，流派纷呈，最具代表性的有苏州桃花坞、天津杨柳青和（山东）潍坊杨家埠三大流派。

托举不平凡的手

陀思妥耶夫斯基是一位伟大的划时代的作家。他成名于二十多岁，而他的成名得益于三位名家。

陀思妥耶夫斯基不是文学出身，他最初学的是工程专业。在他二十多岁的时候，写了一部中篇小说《穷人》，他把稿子投给《祖国纪事》，但心里还是胆怯和忐忑不安。编辑格利罗维奇和涅克拉索夫在傍晚时分开始看这篇稿子，他们看了十多页后，打算再看十多页，然后又打算再看十多页……一个人读累了，另一个人接着读，就这样一直到晨光微露。他们再也无法抑制住激动的心情，顾不得休息，找到陀思妥耶夫斯基的住所，扑过去紧紧把他抱住，流出泪来。涅克拉索夫性格孤僻内向，此刻也无法掩饰自己的感情。他们告诉这个年轻人，这部作品是那么出色，让他不要放弃文学创作。

　　之后，涅克拉索夫和格利罗维奇又把《穷人》拿给著名文艺评论家别林斯基看，并叫喊着："新的果戈里出现了。"别林斯基开始不以为然："你以为果戈里会像蘑菇一样长得那么快呀！"但他读完以后也激动得语无伦次，瞪着陌生的年轻人说："你写的是什么，你了解自己吗？"平静下来以后他对陀思妥耶夫斯基说："你会成为一个伟大的作家。"陀思妥耶夫斯基做出了反应："我一定要无愧于这种赞扬，多么好的人！多么好的人！这是些了不起的人，我要勤奋，努力成为像他们那样高尚而有才华的人！"后来陀思妥耶夫斯基写出了大量优秀的小说，成为俄国19世纪经典作家，被西方现代派奉为鼻祖。

格利罗维奇、涅克拉索夫、别林斯基因各自的成就赢得人们的尊敬，但同样令人们尊敬的是他们"腾出一只手"托举一个陌生人的行动。而且从最初他们就预料到这个年轻人的光芒将盖过自己，但圣洁的他们连想也没想就伸出了自己的手。果不其然，《穷人》的单行本在一年后正式出版，刚出版就风靡一时，陀思妥耶夫斯基也在24岁时成为了文学界的一颗新星。

　　　　　　　　　　　　　　　　　　　　　　　　　　　　（石文）

白蝴蝶花

　　我完全有理由相信，我的手术是在一位绝对负责任的医生手里做的，白蝴蝶花为证！

　　多年不见的一位朋友嫣到家中做客，看到一个精美镜框。她惊奇地发现，里面不是斑斓的油画，不是天然贝壳，也不是脉络清晰的树叶或须爪皆全的昆虫标本，而是一个简简单单的白蝴蝶结，像是医用纱布结成，这显然与她见过的所有饰品都不同。

　　嫣十分诧异地问："这是为纪念什么用的吧？这里面有什么深刻的含义

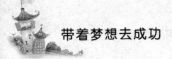

吗?"

我微笑着说,当然! 不妨猜猜看。

"你们家庭里有了新医生或者护士,以示对职业的尊敬?"

我摇了摇头。

"知道了! 一定是期望你的孩子将来读医科大学!"

我又微笑着摇了摇头。

"是啊,那样的话你满可以挂一个红十字。"嫣想了想,迟疑而同情地缓缓问道:"不会是,你有亲人刚刚去世吧?"

我大笑,哪里! 我的双亲都十分健康而且快乐。

嫣长舒一口气, "那么,"她突然兴奋地一拍巴掌, "一定是你得到了医生的精心治疗,为了记住他也纪念你的康复喽!"

我说,是,但不全是。还是让我来告诉你吧!

你可以猜到纱布的来源:我曾经接受过一个手术。

那个手术全然不是我想像的肃穆、无情,却是在精彩的对话与欢笑中度过,开心而充满关爱。时间是怎样溜走的,我浑然不知。当医生为我敷好伤口,柔和地示意并帮助我从手术台上下来时,我竟然还沉浸在愉快的氛围里不肯出来。有种看电影到高潮处却要换胶片的感觉。

为避免弄脏衣服也为了让我更舒服点儿,医生特意为我加了块棉垫。

"太丑了,这块垫子怎么可以这样呢? 请换一块。"

我已经习惯了这位医生,整个手术过程都是这样,事事不肯迁就。

望望背后墙上式样简洁的钟,十一点四十,我很是替医生着急,手术中听说有位病人一定要等他,已经挂了他的号,也为自己讨厌的病侵占了他的午饭时间而感到内疚,一心盼着一切赶紧结束。

护士在旁侧收拾手术用品。医生亲自为我裹棉垫,之后就可以离开去接待那位病人了。

为把这块漂亮的棉垫固定好,纱布从左腰到右肩,又从右腰到左肩,绕了一圈、一圈,一圈也不肯懈怠。

缠了半天,我想该差不多了吧。

"转——过来!"医生的声音有着诗般韵律,又带着点不容置疑。

尽管我们从第一面到现在,接触的时间合起来不到三个小时,我还是听出了深深关切，仿佛还有一点小时候父母才会给的娇宠。于是乖乖地转过身。

他轻轻蹲下身，好比我低一点。我俯视着这位医生，身材清瘦，看不清脸庞，只见口罩外专注的眼神。

他惯拿手术刀的灵巧的手指，把两截纱布头一绕一拉，熟练地打了个结……秀气而小巧。比想像的好太多！我松了口气。

一切完满结束，正要离开……

"别动！"医生没有说话，是他的双手告诉我的。

这双手并没有离开，他修长的手指把那个纱布结皱着的四个边角——舒展开来，整整花了几十秒。他全神贯注，甚至有些慢条斯理，我简直觉得他有点是在浪费时间。

最后，看了眼自己的杰作，他才微笑着抬头，自豪而和蔼地问我，"怎么样，像朵花吧？"

真的，一朵洁白耀眼的蝴蝶花，恰到好处地缀在我右腰间交错的纱布上！

我一下子一个字也说不出来！

我完全有理由相信，我的手术是在一位绝对负责任的医生手里做的，白蝴蝶花为证！

为我做手术的，正是这家医院的院长先生。

如今，这朵端端正正镶在古色镜框里的白蝴蝶花，无时无刻不在诠释着两个字："极致"。凡事不做则已，做，就一定要做到最好。

妈叹道："送我一朵吧！如果每个人都做到极致，这世界怕早就大不相同了！"

（李杰）

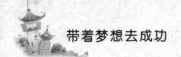

红宝石饰物

　　　　他眼中流露出来的那种神采，使人觉得他整个灵魂都在那光采中升华，在向她致以崇高的谢意。

　　去年圣诞节，我们几位朋友在蒙特利尔的X大夫家里进晚餐。这位X大夫刚结婚不久，夫人是医院的一位护士。

　　在餐桌上，我们的目光都不约而同地转向风姿绰约的女主人，并且几次三番一个劲地盯着她看，这实在有点儿冒犯之嫌。不过这天晚上，我们总觉得这位女主人的打扮很别扭：廉价的大红宝石极其醒目地佩戴在浅色绸上衣的正中间，旁边又没有别的首饰陪衬，看上去很不协调。

　　主人显然意识到了这一点，但他却泰然处之。直到吃完晚饭，我们来到吸烟室，主人才提起这件事。"今天晚上，我看得出来，你们对我妻子佩戴这样的首饰都感到惊讶，而她自己还以为打扮得很得体呢！"他讲下去，"再说，感到奇怪的也不光是你们。几年来，每逢圣诞节，这颗红宝石是一定要出现的。这一天，这颗宝石几乎是神圣的，我妻子无论如何也要把它佩戴在醒目的地方。"

　　就这样，那天晚上，我们知道了红宝石的来历。

　　五六年前的一个夏天，医院里来了一个12岁名叫小乔的男孩子，由玛格丽特——未来的X夫人负责护理。这孩子一条腿得了骨结核，诊断为不治之症。他是个可怜的外国移民，流落在伦敦街头，后来被救世军收容后，遣送到加拿大。他被安置在渥太华近郊的一个农场里。他在那里做苦工，再加上非人的待遇，本来就被凄苦的童年折磨得瘦骨伶仃的身体很快就支撑不住了。终于有一天，他被送进了医院。

　　由于小乔从来没有听到过一句温存的话语，因此只要有人表示想与他亲近，他那原来整天绷着的脸就更加眉头紧蹙，浓眉下面那对乌黑的眼睛更加冷峻。

　　第一个星期，小乔必须绝对卧床休息，每天上午得给他包敷伤口，手续很复杂，花的时间也很长。他生平第一次得到别人的照料，他那种惊惶失措的表情简直难以形容，连心肠最硬的人看了都会潸然泪下。后来，他精神慢慢松弛下来，冷峻的目光也变得柔和了，不时地用试探的神情东张西望。

　　一天上午，玛格丽特像平时一样来给他敷药，可怜的孩子目不转睛地凝视着她，目光比任何时候都更锐利、更执著，闪烁着从未有过的光芒。她突然问他："小家伙，你为什么这么望着我？是因为厌恶我，还是我使你害怕？"这时，他双手合掌，用异乎寻常的口气回答她说："啊！上帝！不，这是因为我觉得你很美！"另一次，玛格丽特正要离开病房，顺便问问他需要什么东西，他拉住她的手，回答说："不，我什么都不需要，只想问你一件事。"

　　"什么事？""我听说乖孩子死后，可以进天堂。你说，真是这样吗？我现在已经在天堂里了，是不是我已经死了呢？"随着时间的推移，孩子的病痛减轻了，但要彻底痊愈是没有希望的。他终于能站立起来，挂着拐杖在医院的过道里来回走动了。他的健康状况在不断地好转，没隔多久，甚至能楼上楼下地整天转悠。

　　特别是当玛格丽特值班时，大家准能看到他守在她身后的某个地方，望着她走过来又走过去，活像一只渴望抚爱的小狗，眼巴巴地凝神望着她。他是那么崇拜她，如果换一个人来敷药，他就觉得受不了。

　　这时已是12月份，圣诞节渐渐临近了。这年的冬天姗姗来迟，并伴随着一场百年未见的大雪。对小乔来说，这是他在加拿大度过的第一个寒冬。在他的心目中，12月只意味着伦敦阴沉、细雨蒙蒙的天空，所以当他久久地把额头贴在窗户上，透过玻璃看到灿烂的太阳在一片银色世界中熠熠闪耀时，真是欣喜若狂，心醉神迷。

　　几天来气候一直很冷，圣诞节前夕更加寒气逼人。早就有人嘱咐小乔不要在走廊里逗留太久，尤其不要走近楼下的大门，因为那儿有许多病人出入，不断有凛冽的穿堂风刮来。孩子表面上很顺从地答应了，心里却止不住有个强烈的愿望：溜到街上去。内中的原因谁都猜不到。事后才知他脑子里孕育着一个愿望，想给他的恩人——玛格丽特买一件圣诞节礼物，来表达感恩之情，他要不惜一切代价来实现这个愿望。他有一笔小小的积蓄，差不多1美元，他在外面包了3层纸，珍藏在衣服口袋里。这1美元对他来说是一笔巨款，他要用它来购买一个奇迹。小乔听说，达鲁齐街的商店橱窗里摆满了各种美丽的东西。

是得上那儿。不过要溜出去却不容易，去请求医院批准吧，那简直是妄想，他们肯定会一口拒绝。再说，他心里想保守秘密，万一走漏了风声，他的礼物就不可能带来意外的喜悦了。他觉得，出其不意地献上礼物才是最快乐的事。他随时随地做好准备，穿上了最暖和的衣服———一件捉襟见肘、最多只能抵御秋凉的破上衣，然后开始注意楼下大门口的动静，等待有利时机，以便神不知、鬼不觉地溜到门外去。快4点钟时，他渐渐感到绝望，认为已无法成功，可是就在这时，机会终于出现了。一辆救护车停到医院门口，从车上异常小心地抬下一个受伤的男子。两边围了不少人，孩子趁人们忙乱之际溜了出去，幸好没有一个人发现。不一会儿，他走远了，朝达鲁齐街跑去。他的脸颊通红，眼睛清澈明亮，那条病腿在拐杖旁边欢乐地直蹦达。

开始，他并不觉得太冷，尽管寒气彻骨，此刻他反而觉得热辣辣的。他到达头几家商店的门口，在闪闪发光的橱窗面前，他的心思全部集中到一个目标上，那就是找到一件幻想的奇迹，因此根本没有留意身子渐渐在变麻木。他跑了不少路，还决定不了买什么；当他走到一个更加光彩夺目的橱窗前时，他的目光立刻被红宝石吸引住了。这块红宝石摆在白色丝绒衬垫上，在一大堆娃娃、玩具和其他应时的廉价装饰品中，像一个光芒四射的大红点。啊！这件首饰，他情愿押上他全部的财产，非要得到它不可。他揣着一颗在希望的煎熬下变得衰竭的心，走进了商店，要求把宝石拿出来看一看，然后买下这件极其渴望的礼物。店主人要价很高，但是，看到孩子忧伤的眼光，看到他拿出仅有的1美元，店主心软了，把这个闪闪发光的小玩意儿卖给了他。

小乔感到真有说不出的高兴，一出门就朝医院跑去。上帝，他多么想快些到达医院啊！他希望看到，当他把这件装在一个小巧玲珑的盒子里的东西献给他的恩人时，她的眼睛里流露出来的快乐。但是，这一回，不管他怎样心急火燎地想走快些，可是四肢在严寒的不断侵袭下却渐渐变得麻木了，软绵绵的没一丝儿气力。现在夜幕已经降临，对他来说，夜间的阴冷是不可思议的，喉咙里像堵了什么东西，上气不接下气，喘息不止，腿变得越来越沉重。靠近瓦特街时，他终于在一盏路灯下栽倒了。几个好心的行人看到医院就在附近，连忙把他抬了进去。

玛格丽特像平常那样去护理他时却到处找不到他，这时她第一个跑来了。给他打了一针强心剂后，可怜的孩子总算睁开了眼睛，恢复了一点神志。在昏迷中，他本能地把来之不易的红宝石攥得更紧了，清醒后突然想了起来，便把礼物递给正站在病床边俯身照看他的护士，羞答答地说："这是我给您的圣诞礼物。"

在说这句话时，他眼睛里洋溢着难以形容的脉脉柔情，仿佛还想添上这么一句话：您知道，为了您，我什么都可以去做，即使献出生命。

然而，他却不能讲出更动情的话了，因为，当他断断续续、很不连贯地讲他逃出去的经过时，一下子又昏厥了过去。刚才已经把他压垮的病魔这次再也不肯放过他了，肺充血急剧扩展开来，一切医疗措施和精心护理都无济于事。玛格丽特整夜守在病榻前面，不肯休息片刻。想到自己无意中造成这一切恶果，心里非常难过。

清晨，她从某些征兆中得知病人已进入弥留阶段，她把苍白憔悴的脸埋进枕头，紧贴着垂死者的脑袋，强忍了好久的泪水终于夺眶而出。

小乔在咽气之前又一次睁开了眼睛，看到红宝石，也许明白了他的恩人对这件礼物的珍惜。一丝喜悦的光芒闪过他干瘪的小脸，刹时起了变化的目光直到最后都凝视着他的护士。他眼中流露出来的那种神采，使人觉得他整个灵魂都在那光采中升华，在向她致以崇高的谢意。

"现在，你们不会再奇怪，我妻子为什么珍惜这件礼物，为什么每逢圣诞节都怀着虔诚的心情小心翼翼地把它佩戴起来。你们可以看到，如果不是我弄错了的话，那一回她也许已经感受到了那种伟大的、无与伦比的感情，也就是说，一种真正的爱。一个女人，不管她将来做什么，都不会把这种感情忘却的。"

（西尔瓦·克拉潘）

不会再有第二个你

他就这样，用他一生的爱，教会了她感恩。

1

很小的时候，她就听身边的人说她是要来的孩子。椴树开花时，赶花人生下了她，又辗转托人送掉了她，然后又赶别的花去了。她回家问他。他说：听他们瞎说！然后拉她到镜子前，指着一大一小两张脸说：别人家的孩子谁能长得跟我一样漂亮？

她笑了，镜子里的他刀条脸，又黑又瘦，实在与漂亮沾不上边。但她信了。从那以后，谁说她是捡来的，她都会大声告诉那人：除了我爸，谁能生出这么漂亮的孩子来。那人于是笑了，闭上了嘴。

他是小学校里的老师，似乎除了教孩子什么也不会。她常常听妈嘟囔他这做得不对那干得不好。但他爱看书，常常她睡一觉醒了，还看到他床头的蜡烛依然亮着。她跟着他，也看那些书，虽然看不懂，但是她喜欢。

他就这样教会了她喜欢。

2

初中时，因为画画的特长，她到很远的地方考艺校。他理所当然地陪她去。9月，正是连雨天，路塌了好长一段，他们的车被堵在半道上。北方的秋天来得早，路边的树叶有的都红了。她看到远处有一棵披红装的树格外漂亮，随口说了句：爸，你看那叶子多漂亮，做书签一定特别好。

转眼间，他就跑向了远处。一车的人都在看他。四十几岁的他略略发福了，身子有些笨拙。他很小心地往前走，她的心一直提着。车上的人说：这可都是草滩，一不小心掉进沼泽里就糟了。她想喊他回来，可是终于没喊出口。

他举着一根漂亮的树枝回来时，车上的人都给他鼓起了掌。有个五十多岁的老太太很严肃地对他说：可不能这样惯孩子，她要天上的月亮也去给她摘吗？

　　他笑了，把树枝递给她。远处看那样美的树叶，近处看居然千疮百孔。他说：这就像我们羡慕别人的生活，以为别人都比自己幸福，其实每个人都不容易。

　　这话，她记住了。

　　他就这样教会了她知足。

3

　　艺校终于没去成。那年高考结束后，她与朋友去西山写生，下山时一不小心摔伤了，脚踝处骨折。妈唠叨她：挺大个姑娘不在家好好等分数，出去疯跑。不争气的泪水顺着她的脸恣肆汪洋。他宽大的手拍着她的背：姑娘，哭什么哭，怕出事就不出去玩了，这是什么逻辑？妈妈瞪了他一眼，出去给她买吃的。他和她眨眨眼，不约而同地笑了。

　　高考录取通知书来时，她可以拄着拐杖慢慢走了。但是怎么去学校呢，她的嘴上起了一层水泡。他说：有你老爸呢，怕啥？

　　那天火车临时开了背对站台的车门，据说这样的事，坐一百次火车也不会赶上一次，但就是被他们赶上了。赶车的人都大步从车头绕过去。背着她，他略略犹豫了一下，然后说：丫头，你趴好喽！近五十岁的人，怎么跑过去呢？她不敢喘气。可是他弯下身去，手扶住一根枕木。铁路段的人拿着手电筒照了过来，父亲喘着粗气说：我女儿腿坏了，跑不动！那人叹了口气，说：快点吧，我帮你看着，小心碰着。父亲在火车下面爬出来时，她已是泪流满面。

　　坐在车上，惊魂未定，她说：如果那时火车开了，咱们就都完了。

　　他点燃一根烟，说：人哪有那么容易就完了呢？

　　他就这样教会了她从容。

4

　　读他写来的第一封信时，她哭了。他在信里说了很多话，都是生活里细得不能再细的事，难得的是他都替这个粗心的女儿想到了。

旁边有人递过来一块手帕，她接了，说：真的再不会有第二个人对我这么好了。却听到他说：会有的，一定会有。抬头，看见刀条脸，却是斯文的白。她破涕为笑。

她写信告诉他她恋爱了。隔了一周，她正在睡午觉时，他打来电话问男友的相貌人品。她说：都还好。他在话筒那端说：还好不行，一定要找个真心对你的。她喊了一声爸，然后泪如雨下。

没几日，他匆匆赶来。她心里有些怨他这样兴师动众，只不过是孩子般地相处一下，哪就到了谈婚论嫁的地步了呢？

见了男友，他兴冲冲地回来，对她说：丫头，你眼力不错，他是个能让你终身依靠的人。她笑他迂腐，才开始，怎么想到终身了？和他撒娇说：是不是急着把你这个姑娘嫁出去了？他摸了摸她长长的头发：哪有一辈子在父母身边的。她的心一酸，眼泪又掉了下来，却点点头。她知道，他总是对的。

他就这样教会了她要面对人生的寻常别离。

5

临到大学毕业那一年，暑假要去面试，她破例没回家。打电话给家里，接电话的总不是他。妈说着各种各样的理由。她的心怎么也安定不下来，男友说：回去看看吧！

进门第一眼就看见桌上他的照片上围了黑纱。她只叫了声"爸"就晕了过去。

醒来恍然见到他端来水，叫她大姑娘。弟说：爸听说谁家有个亲戚在你念书的那个城市里管点事，去找人家帮你找工作，结果就被车撞了……又说：送他那天，来了好些他的学生。

泪怎么也止不住，她不过是身陷爱情中，竟忘了给他打电话，告诉他她已找好了工作……

他说过，他死后要埋在一棵松树下。她和弟弟妹妹捧着骨灰找了河边的一棵大松树下安葬了他。她站在树前，双膝跪下，说：爸，这世上再不会有第二个你。她知道他还有一件事没告诉她：她真的是赶花人丢下的孩子。很小时，她听到他对周围的邻居说：她还小，我们养了她，就是她的父母。

她也没来得及告诉他：是不是亲生的父亲都没关系，因为再也不会有人比他更爱她。

他就这样，用他一生的爱，教会了她感恩。

（佚名）

想做一次自己的榜样

王淮芳愣了一会儿，说，她只是东二食堂的员工，今年十九岁，来自江苏农村。

晚上七点，阶梯教室的围棋课，我挑了个靠后的位置看小说。围棋课是全校的公共课，教室里各个院系各个年级的人都有，各处的说话声混在一起，教室显得很嘈杂。上课十几分钟后王淮芳跑了进来，胳膊下夹了个大大的围棋板，小声问了下，同学旁边有人没？我摇头，她一屁股坐下，额头上冒细密的汗珠。

围棋课四十分钟老师讲解，五十分钟自己找对手下棋。教室里一大半的人都在干自己的事情，老师到底在说什么，估计没几个人注意。王淮芳拿出笔记本来记老师在黑板上写的东西，每一种走法的名称。

我瞟了一眼过去，她竟然把老师讲的一些围棋小典故都记下来了，偌大的围棋教室像她这样做的人估计找不出来第二个。我继续看自己的书，偶尔玩下手机。四十分钟后老师停了下来，大家纷纷拿出自己的围棋开始找同伴下，我和王淮芳成为搭档，她按照老师的要求买了超大的木质棋盘，棋艺却很一般，走棋的时候缺乏长远的考虑，走一步想三步，她总是做不到这一点，甚至于基本的做眼她都没有考虑到。我赢的很简单，下课时我以绝对的优势胜利。我笑着和她说再见，她没理我，继续坐在那里研究我们没下完的残局。

王淮芳几乎每次上课都会迟到，拎着大棋盘低着头小跑进来，然后额头冒很多的汗。十二月的天气，她的手开始有小的冻疮出现。我帮她占位置，我们成了长久的搭档，上了一个多月的围棋课后，她的棋艺很有进步。依旧是专心听讲，认真做笔记，我好心的提醒她，围棋考试不用考笔试，就看平时到课情况。她笑笑，继续抬头低头在笔记本上记老师讲的东西。我把一本小说看完，抬起头长舒一口气。王淮芳看着我，吞吞吐吐地说，你能帮我在图书馆借本关于围棋的书吗？我盯了她几秒，然后回答，文科借书处有关于围棋的书，你可以自己去找，提前上网查好书号再去找很方便的。王淮芳低下头，翻看自己的笔记。

东区小树林的自由市场每学期举办一次，很多学生在那里摆摊卖旧书旧衣服，我把柜子里的杂志都翻出来，拖了一大包过去卖。下午三点左右的光景，自由市场人已经很少了，这个时候同学们大多在寝室里午睡。王淮芳和一群女孩子出现在我的视线，她们穿着学校食堂的工作装，女孩子们去挑选地摊上的衣服和小饰品，王淮芳蹲下去看地摊上的书。她一个个看过来，在我旁边的地摊蹲下，问有没有关于围棋的书卖。旁边的同学摇头，我低下头拿杂志挡住脸，看着王淮芳失望地离开，她胸前的工牌上写着：东二食堂。

绕道去了很少光顾的东二食堂，看到王淮芳站在回收餐具的车后面，熟练的把各种餐盘筷子分类放好。我走过去放餐盘，她向我微笑，生了冻疮的双手做起事来依旧迅速。

"你很喜欢围棋对不对？"我在围棋课上小声地问王淮芳，她有些害羞地说："也不完全是这样，一开始我不知道围棋是什么的，只是上那节课的时间我刚好有空。我这人，做什么事情都没成功过，这次我想给自己做一次榜样。"

她的回答出乎我意料，"做一次榜样？"我惊奇地问。

"我读书的时候成绩不是很好，没有考进过班上前十名，现在也没赚到什么钱，没能给弟弟妹妹树一个好的榜样。我觉得自己一直都很普通，所以这次想做一次榜样，给自己看。我现在努力学围棋，是希望有一天能和你们这些大学生一样学得好。"她说的时候很有些胆怯，似乎怕被我笑话。

临近学期末，王淮芳成了我们小组围棋下的最好的一个，被我们推荐去和其他小组的高手下。王淮芳一路胜利，居然杀到了冠亚军争夺。最后一关是她和一个男生在讲台上用教学棋盘下，全班都停下来看冠亚军争夺。男生的棋艺真的很高超，占地盘，做眼，思维缜密。王淮芳失掉了冠军的位置。棋局结束，老师让他们介绍自己所在的院系和学号。王淮芳愣了一会儿，说，她只是东二食堂的员工，今年十九岁，来自江苏农村。教室里议论声渐起，有人带头鼓起掌来。王淮芳走下讲台，脸上带着羞涩的笑容。

(深森)

请把焦点对准我

　　我想我永远不会忘记，是我的学生，在若干年后给我上了我生命里最动人的一课。

　　我从来没注意过她，她也不是那种能引人注目的女孩。上课的时候，她喜欢一个人坐在后排，看书或者记笔记。

　　有一次叫她读课文时，听到她标准的美式发音，我才对她刮目相看。后来，全国高校英语演讲比赛，我们学校有一个名额，我想了想，微笑着填上她的名字。

　　改稿，纠正发音，甚至到肢体语言的处理。那段时间，我们每天都忙到很晚。我真的很喜欢她，也很想让自己年少时未能实现的梦想在她身上发生。

　　可是，我总是隐隐地有些担心，因为她太内向、太安静了，她能抓住这个难得的机会吗？比赛那天晚上，我很早就坐在了大礼堂的前排。我对她说，别紧张。她看着我，脸红红的，什么也没说。我的心一沉，看来她确实紧张了。我拍拍她，让她去抽签，结果，我们抽到的是第9号，而前面一位选手，是公认的英语高手。

　　果然，英语高手的演讲相当成功——幽默诙谐，充满个人风格，全场几乎每隔半分钟就会响起一次热烈的掌声。直到她上台前，大家还在兴奋地讨论着他的演讲。我的手心沁出汗水，我在台下，不敢望向她。她是第一次上台，出现任何差错我都不能怪她，可是，在那一刻我才发现，我是那么害怕她失败。

　　强烈的镁光灯，空旷的大礼堂，她显得那么小，那么微不足道，似乎没有人注意到她已经走上了台，底下，3000 名学生依旧很吵。我在心里说，没希望了。我看看她，她真的让我想起许多年前同样因为不能引人注目而与荣誉失之交臂的我。

　　但是，让我震惊的一刻发生了。她并没有像我们安排的那样问大家晚上好，我清清楚楚地听到了一个声音，很响亮的声音："现在，请把焦点对准我。"

　　"请把焦点对准我。"

　　一共三遍。一遍比一遍响亮，震人耳膜。

　　全场鸦雀无声了。

　　我不敢相信，那么洪亮的声音会是那个平时说话细声细气、丝毫不惹人注意的小姑娘发出来的。接下来我听到她婉转的声音在空中盘旋，比夜莺更动听。

　　她的演讲结束良久，全场才响起雷鸣般的掌声，我不知不觉拍手拍到热泪盈眶。是的，我想我永远不会忘记，是我的学生，在若干年后给我上了我生命里最动人的一课。

（黄俊然）

一场流言的花样年华

　　　现在的我们都在同一条船上，渡着同一条叫青春的河。

　　她开始害怕和男生说话，害怕听到他们那鸭子般的声音，嘎嘎嘎，真烦人。好朋友们也不再像以往咋咋呼呼，她们都有了一个带锁的笔记本。陈小橘想，有什么天大的秘密不能说出来啊，真小气。

　　不光是陈小橘，五张桌子外的男生张驰也感到不对劲儿。他老忍不住想朝五张桌子外的那个位置看，那根本就是一个黄毛丫头嘛，连话都没怎么说过的，可他现在真的很想很想找她说话，随便说什么都可以。

他还怀疑身体里有一粒种子在拱，它会发芽了，会长出树干和枝叶，台风过了，树没长出来，但他长高了 10 厘米，长重了 6 千克，声音变得比老山羊还难听。他更不敢找陈小橘说话了。同时他发现，那些成天打打闹闹的男同学也装起深沉来。他暗想，台风难道是妖怪吗？唉，管它呢，我还是继续踢我的球吧。

那个黄昏，张驰蹩脚的足球砸在了陈小橘的爆米花上，"嘭"，爆米花开了一地。张驰赶紧跑过来，还带着一股咸咸湿湿的热气。陈小橘望着他，心里也冒出一股咸咸湿湿的热气来。

张驰本来要开口道歉的，可他闻到了一阵青苹果味儿，是陈小橘身上发出的。他恍然明白了，他身体里随时可能长出来的那棵树是苹果树。

陈小橘总觉得那个咸咸湿湿的家伙在盯着自己看，他的目光扫过来，像一朵花开在自己的背脊骨上，痒痒的，但她不敢回头。其实张驰才不敢那么大胆呢。他把书竖起来，目光越过书顶看过去，就像在看书那样。他还在书包里放了一只青苹果，苹果味儿不时透出来，他觉得舒心。

日子一天又一天，陈小橘也弄了一本淡绿色带锁的日记本。她总是晚上躲在被子里打着小手电写，她依旧梦见自己在草地上或者花园里奔跑，但花啊草啊的气味全是咸咸湿湿的。

唉，该死的黄昏。

张驰把青苹果一只只吃掉了，连皮带核。他希望又担心着，身体里真的要长出一棵苹果树了，那怎么得了？

他去买了两张电影票，是《加菲猫之双猫记》，周末场。他写了个纸条：陈小橘，我想请你看电影。你能答应吗？我在电影院门口等你。张驰。

陈小橘在语文书里发现电影票和纸条，她赶紧收起来塞进书包。回到房间躲进被子了，她才拿出来仔细看，她把这 27 个字全吃进了肚子里。

她去了，还穿了印着樱桃的连衣裙。张驰抱着一大包爆米花傻傻地等在门口。她走到他面前，轻声说："咱们进去吧。"就低着头往里走。张驰点点头，跟班一样跟在后面。

座位并排在一起，青苹果味儿、咸咸湿湿味儿在空调里显得格外清晰。电影不知道演的什么，爆米花也食不知味。两人没说一句话，却都冒了一身汗。

　　散场出来，星星也出来了。张驰提议，咱们走走吧。说完就推着车闷头往前走，陈小橘跟在后面像个跟班。从草坪路到梧桐树路，再到喷水池，不知不觉又绕回电影院，下一场电影要开演了，竟有几个同学迎面走来。谁是谁他们都看不清了，只看到他们惊愕的嘴巴。这是一个不眠之夜。陈小橘和张驰什么梦也没有做。担心着，忐忑着。

　　《加菲猫之双猫记》后，陈小橘和张驰的名字不断被同学们连在一起说出来，他们窃窃私语或者公开谈论。有男生直截了当问张驰："哥们儿，你和小美女陈小橘在谈恋爱?你可真行啊。"好朋友拉过陈小橘："你和张驰那家伙好上啦?你真有魅力! 这下肯定有女生伤心咯!"

　　陈小橘和张驰的反应都一样，他们都眼睛瞪了老大，浑身一颤，傻傻地"啊"了一声，然后不说话了。面对自己的朋友，一方面难为情，一方面却觉得应该说实话。但实话究竟是什么样的?自己有没有啊?没有写过情书，纸条算不算?约会嘛，看电影算不算?

　　他们只好刻意回避对方，不再说一句话。其实本来也没说过几句，谣言就会随风飘散吧，以前不是也有别的同学的谣言吗?然后，该怎样就怎样吧。

　　可谣言却变得越加鲜活生猛起来，到最后，已经有了跌宕起伏的情节和耸人听闻的细节。陈小橘上厕所时，听见一个女生说，二班那个像洋娃娃的陈小橘和那个很酷的张驰好上了，两人手拉手去看电影，张驰还喂爆米花给她吃! 后来还有，他们在足球场约会，张驰为此和以前的女朋友分手，那女孩差点自杀;陈小橘的妈妈气愤地拿着菜刀去找张驰妈妈，要她儿子不要再纠缠自己的女儿以免影响学习，诸如此类等等。它们或快或慢地在同学中流传，几经改版到了陈小橘耳朵里，早已超出了她的承受力了。她撕了日记本，烧掉小纸条。她还想，妈妈知道了怎么办?老师知道了怎么办?他们会失望，会以为她就是这样一个坏女孩。她只好躲在被子里哭。

　　张驰先是笑，然后是生气，再然后是愤怒，再再然后对几个男生大打出手。但最后，他像个成熟的男人那样冷静下来了。他清楚地知道，无论他吞掉多少苹果籽，他身体里也绝不会长出苹果树来。他也明白了，谣言事件以及他真正喜欢陈小橘这件事，都要学着成熟处理。

　　那天早自习，张驰沉静地走上讲台，开始了他的演讲。

他说，这段时间，关于我和陈小橘的谣言闹得很凶，我没有兴趣去澄清。我只想说两点：一、那些谣言带来的伤害，我想没有人承受得了，换作是你们自己也一样，设身处地想一想吧。二、我承认我喜欢陈小橘还请她看过电影，可这个年龄，你们也有暗暗喜欢的人吧，看场电影散散步有什么大不了？什么该做什么不该做，个人心里自有分寸。现在的我们都在同一条船上，渡着同一条叫青春的河。河里有风浪有暗流，也有令人炫目的海市蜃楼，我们可能迷失也可能在河心里打转，但我们誓不回头且终将靠岸。把一段成长抛在身后，抵达另一段成长，这才是我们真正的目标。

说完了，他从容不迫地走到陈小橘面前，说："我们一起划船吧，等到了河对岸，一切就让它顺其自然。"

等全班同学的掌声响起时，陈小橘这才明白过来发生了什么。她转过头，朝笑着说："好，一起划船。"

（兼葭苍苍）

毕业留言

萤火虫虽然没有大本事，可它至少不是黑暗的同谋。

一

高考过后，璋鹭足不出户，除了吃饭，整整睡了几天。

睡够了，璋鹭步入父母的卧室，想翻一本闲书看看。父母床头柜上的书确实不少，可全是教育子女和教育父母的书，或者是励志和处世的书。璋鹭毫无兴趣。

书柜底部有一个抽屉，抽屉里放满书信和一本发黄的笔记本。璋鹭的心一动，莫非是父母的隐私？翻开笔记本，发现是父母高中毕业时的同学留言本。第一页是全班同学的合影，一张黑白照片，人头只有半颗绿豆大。往后每页都贴着一张个人一寸照片，写着一段话。经年月久，照片发霉，钢笔字的墨水变了色。

"请珍藏这美好的青春吧，这是人生最璀璨的年华。我们在河边讨论信仰和哲学，杨柳轻抚我们的脸庞。我们在大榕树下讨论生活态度，小草躺在我们脚下。没有理想的人生，还算人生吗？""不要忘记我们用汗水建起的泥砖宿舍，不要忘记我们栽在山岗上的小树已经开花，那是我们创造世界的第一步，是我们勤劳和智慧的成果。"

"感谢你，在我最困难的时候，你把所有存款借给我交学费。在我骄傲的时候，你狠狠批评我，让我回头。人生路上，愿我们永远是好伙伴。"

最后一页，是妈妈写给爸爸的，"虽然我们只同桌一个学期，但你的真诚和无私使我感动。尤其是你要照顾老人和弟妹，仍然帮助我出墙报。现在，我们即将走上不同的岗位，实现我们的共同理想：做一个有益于社会的人。我等待着你建功立业的喜讯。"

噢！爸爸妈妈原来也早恋，还海誓山盟呢！璋鹭笑了。爸爸中学毕业后去当兵，妈妈去了纺织厂当工人，他们书信来往了整整八年才结婚。

二

璋鹭闭上眼睛，脑海里出现了许多同学的影子，模糊不清。三年高中，璋鹭换了好几批同学。她入学的时候是在普通班，父母认定她进入快班才保险。为此，父母为女儿请了五个补习老师。璋鹭的名次不断往前挤，她终于从慢班挤进了快班。

在快班里竞争更加激烈，同学换了一批又一批。排名落后的同学被赶到慢班去了，排名靠前的同学不断加进来。同学们之间不在学习上互相帮助，大家明白，彼此的关系是竞争对手。璋鹭能坚持留在快班，是付出巨大代价的。除了吃饭睡觉，她没有看过电影，没有参加过运动会和演唱会，连课间休息的时间也做习题。

难道自己的高中生活就这么过去了吗？璋鹭突然有一个冲动，她要发起一个活动：写同学留言，至少让自己的高中生活有一个见证。

璋鹭跑进商店，挑选了一本非常别致的笔记本，用荧光笔在扉页上写道：高中同学毕业留言本。

璋鹭首先想到了班长，估计她会响应。班长仔细看了看留言本的质量说："这本子挺有特点的，你好有眼光啊。"说完，顺手写下，"祝你好运，前途无量。"

第二个写留言的是璋鹭的同桌，她笑着说："你可别后悔啊。"同桌边笑边写，"你别告诉我，你没有作过弊啊，我有证据的。"写完哈哈大笑着跑了。

有个男同学比较绅士，微微一笑，"嗬，看不出你还挺淑女的。"于是写道，"祝你早日嫁入豪门，一生一世无忧愁。"

三

璋鹭用了几天时间，总算让同学们在留言本上留下痕迹，无非都是一些祝福和调皮话。只有一个同学，璋鹭没有邀请他，就是那个有点令人讨厌的男同学晋嵩。

晋嵩是不知道从哪里钻出来的一个土包子，插班生。他除了穿着没有品位，还讲一口南不南北不北的普通话。晋嵩上课喜欢发言，下课喜欢讲笑话，大家都烦他。

晋嵩在学习上一旦发现有趣的话题，便喜欢找人讨论，这就犯了大忌。对付他的办法，同学们各有奇招。几个学习尖子总是装模作样地说："是吗？真的吗？"当晋嵩把自己的观点陈述得淋漓尽致后，旁人总是点头，而不发表意见。怎么可以教精了别人？那不是为自己设陷阱吗？

许多同学喜欢向晋嵩请教，或干脆把他当成活字典。经常听有人喊："晋嵩，帮忙查一下'后现代主义'的英文。"晋嵩要么随口答出，要么立即翻字典，而同学们便节省了时间多做一道习题。

班里搞活动，比如演唱会、田径运动会、出黑板报等，大家一致推选晋嵩去搞。一来晋嵩书法了得，二来他热心好动，主要是大家可以节省时间温习功课。甚至，不会踢足球的晋嵩竟然是足球队队长，因为他要负责召集人以及买足球鞋等杂事，而其他人不愿意浪费时间干杂事，只愿意享受踢球的

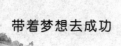

愉快。

四

　　高考分数公布这天，一向高分的同学从容不迫，一向低分的同学也认命了，只有成绩中上这群人很紧张，像热锅上的蚂蚁。老师用大家熟悉的口吻说："我早说过了，高考不相信眼泪，平时不努力，现在哭也来不及。要哭要喊先在家里发作完，不要带到教室里来。"

　　璋鹭的成绩出来了，她居然以一分之差未达本科线，大失水准。仿佛五雷轰顶，璋鹭眼前一黑，几乎摔倒在地。为了考大学，全家人辛苦了好几年，花了多少金钱和心血。

　　老师宣布了几项事项后，便准备下课了。突然，晋嵩径直走上讲台，拿出一张写满毛笔字的宣纸，用预先准备好的胶纸贴在黑板上，优美的行书字体写道："同学们，我们将肩负着建设一个现代化国家的重任，我们没有权利放弃，更没有权利气馁。让我们团结起来，为争取高考成功共同努力。我们的目标是不让一个同学掉队，加油！"

　　晋嵩转过身来，掏出一张纸，异常严肃地说："这是我的手机号码和报名表，请不过线的同学参加我组织的高考补习班，在上大学以前，我愿意义务为同学们补习。我已经动员了其他几个高分的同学担任教员，希望大家一齐努力。"

五

　　课室里没有一丝声响，各种各样的眼光同时集中在晋嵩身上。大家知道，晋嵩考了全年级最高分，这已经令人意外，现在这一招，更是出人意料。老师皱着眉头打量晋嵩的书法，刚才他宣布需要补习的同学可找他。大家清楚，绝对不是免费的。此刻他显得很尴尬。晋嵩用期待的眼光看着同学们。

　　璋鹭第一个走上前去报了名，身边陆续出现同学的身影。

　　"好肉麻，我以为在看怀旧片。"数学科代表小声说。

　　"好假，做出来给人看的，他一向爱出风头。"有人附和。

"他想通过补习拿经验，以后好多赚外快，有生意头脑。"

璋鹭再也忍不住，猛然举起有数十位同学签名的留言本，当着全班同学的面，一页一页撕下来丢进字纸篓，撕剩了最后一张空白页时，璋鹭把本子递给晋嵩说："晋嵩，希望你给我留言。"

残缺的留言本，一行有力的楷书："萤火虫虽然没有大本事，可它至少不是黑暗的同谋。它靠着自身的努力发出亮光，并使走夜路的人看到方向和希望。"

（郑一鸣）

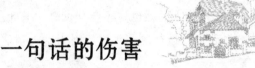

一句话的伤害

当一个男孩在大庭广众嘲笑某位女孩时，有两种可能。

在那个小镇的中学里，她是风头最健的女孩子。人可爱聪慧，成绩是年级第一，又擅长文艺，唱歌跳舞都是拿手好戏。生活在她的眼中，是一片春光明媚。可是那个午后，一场梦魇，改变了她的生活。

吃过午饭，她像往常一样走进教室温书。却发现所有的人都在看着自己，然后不约而同地哄堂大笑。她觉得很莫名其妙，就问同桌："出什么事了?我怎么觉得大家都在看着我呢?"同桌的嘴咧了一下，却一个字也没说出来。这时，他们班里最调皮的男孩走过来，仿佛若无其事却又分明冲她说出了一句话："真是个骷髅王。"她一下子怔住了，定定地坐在椅子上。在又一次哄堂大笑中，她才醒悟到原来他是在嘲笑自己的孱弱。天呀! 骷髅王，一个多么可怕的字眼。这是在她一片鲜花和赞叹中的人生里第一次听到这样形容自己的词。好强和自尊的她用书遮住了脸，紧紧咬住嘴唇。泪水再也忍不住地淌下，一滴一滴，打湿了整个桌子。

从那以后，她变了许多。脸上有了淡淡的忧悒，不再那样活泼，话也不如以前那样多，她把所有的精力都放到了学习上。对于他，那个为自己起绰号的男孩，她总是尽量地躲避着。

终于初中毕业，她上了重点高中，他上了一所中专。原以为离开了以前的环境和人，就可以忘掉那件事。可是没想到，那一句话已经深深地烙在心上，像一个无法磨灭的伤疤，时时提醒着她，令她自卑不已。她依然那样地沉默，不再参加公众活动，不再爱出风头，而是默默无闻地像棵小草一样地生活着。

直到她考上梦寐以求的大学。在大学校园里，她还是那样的单薄。但是她已经足够地成熟了，明白了一个人对自己的外表是无能为力的，一个人最重要的是内在的能力和素质。她又慢慢地去接触他人，对他的怨恨也渐渐地消失了。自己本来就是长得瘦，他不说那样伤人的话也许还会有人说，况且，他说那样的话也许是无意的，只是她想起自己过往的几年里，因为这一句话而带给自己的阴影就会轻轻地叹口气。

一个假期，她回家过节，在小镇的某个地方与他相遇。他的脸上依然还有当年顽皮的影子。他有些窘，她却坦然很多。两人互相寒暄着，告别的时候，他忽然几步追上来，低着头说，"对不起，上初中时我说了那样伤害你的话。那是因为当时我喜欢你，而你太优秀了，为了引起你的注意，我才故意说的那些话，希望你能原谅我。"他说完后，如释重负地深吸了一口气。

她再一次地愣住了，想起了一本书上说过：当一个男孩在大庭广众嘲笑某位女孩时，有两种可能。第一就是他真的很讨厌她，还有就是他喜欢她，故意来刺激她。过往的一切在这一刻烟消云散。仅仅是一句话，包含着他的"阴谋诡计"，可是对她而言却是"晴空惊雷"。这些又有谁能说得清？谁又明白，只是因为一句话，曾怎样地改变了她，使她失去的不光是那样阳光灿烂的午后，甚至不是那个明媚的春天，而是她整整几年本该葱郁的青春岁月。

（王小艾）

第五辑　心态决定人生高度

人类生来是为了成就事业的，每个人的生命里都有一颗伟大的种子，这其中自然也包括你。你是一个有价值的人，有能力创造美好的事物。

学会坚强

> "在疼痛和困难面前，只要你选择了坚强，就一点事也没有，相反会给人留下一个美好的记忆。"女儿懂事般点点头，再也不喊疼了。

女儿在削苹果时不小心将手指头碰了一下，鲜血渗了出来，粘上创可贴以后，女儿还是嘤嘤直哭，好像受了天大的委屈。我将起衣袖，叫女儿看我的手臂，一条长长的疤痕赫然在目，女儿吓得直闭眼睛。

我笑着说这是爸爸在工厂操作时不小心被机器吃了一口所留下的纪念，"那很疼吗？"女儿睁开眼小心问我，"不疼，现在回想却只有一种豪情在心间。""那为什么你不觉得疼呢？"女儿问我。"因为爸爸是个坚强的人啊，坚强的人是不会觉得疼的，"我笑着使劲挥了一下手臂，"在疼痛和困难面前，只要你选择了坚强，就一点事也没有，相反会给人留下一个美好的记忆。"女儿懂事般点点头，再也不喊疼了。

女儿今年快七岁了，可还是如此脆弱、胆小，显得不堪一击。不但日常生活难以自理，事事要大人操心，学习上更是怕苦怕累，一点作业就叫苦连天，坐不住，而且心理更是脆弱，被老师责怪两句就整个星期闷闷不乐，生起小气来一个人关了房门可以哭一两个小时。她天性胆小，到医院打个针如同要了她的命，路上趴着一个小虫也会吓得脸色发白，一见电视里的流血场面则吓得直往我怀里钻。这么大了晚上还不敢一个人睡觉，非要我们哄她睡熟才行，胆子完全还处于婴儿阶段，如此下去怎么得了！

我对女儿说，有的人得了感冒却死了，有的人患了癌症却活得很好，为什么？因为前者是个脆弱的人，而后者是个坚强的人。坚强的人，不但可以笑对疾苦，而且还笑对人生。一个人，即使他不再拥有坚强的身体，但只要拥有了坚强的个性和心理，也一样是个坚强的人。

为了锻炼女儿的坚强心理，我给她讲张海迪身残志坚的事，讲古代关羽视刮骨疗伤为平常事。我陪女儿看美国英雄大片，讲美国人久经锻炼的独立性格和竞争意识，以及不畏艰险勇往直前的不服输态度。业余时间我陪女儿到残疾学校接受再教育，让她看残疾儿童是如何在缺少四肢、听力受损、双目失明等不利情况下却凭着一腔毅力学成绘画书法舞蹈等的艰难历程。

我常对女儿说，爸爸没有百万家财，也没有权力可供你利用，将来也不可能为你的舒适生活提供多大便利，一切的一切只能靠你自己，而生活不会是一帆风顺的，面对的挫折和不如意会很多，不要奢望别人的帮助，战胜困难还得靠你自己。只有你从小就培养出坚强的品质，才会化不利为有利，才不会在外人面前轻易流泪，也不会在困难面前手足无措、六神无主，无法养活自己。

女儿重重地点了点头，我希望女儿能真正懂得我的意思。

（佚名）

地震废墟下的绝唱

当救援人员费尽周折将她的丈夫从废墟中挖掘出来时，发现他已经死亡，他身旁放置的一部电池能量即将耗尽的录音笔却仍在转动，里面不时传来他的声音，言语中充满了对妻子的鼓励和深情厚意。

2003年5月1日，土耳其东南部宾格尔省迪亚巴克尔地区发生里氏6.4级地震。5月2日清晨，当救援人员将一位身受重伤的孕妇从废墟中抢救出来时，这位名叫珊德拉的女教师忍着伤痛指着废墟说，她的丈夫还埋

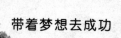

在下面，而且仍然活着。然而，当救援人员费尽周折将她的丈夫从废墟中挖掘出来时，发现他已经死亡，他身旁放置的一部电池能量即将耗尽的录音笔却仍在转动，里面不时传来他的声音，言语中充满了对妻子的鼓励和深情厚意。虽然事情已经过去一年了，但这段绝美如诗的爱情留言故事仍在土耳其流传……

雷米和珊德拉结婚已经两年了，雷米是土耳其宾格尔省迪亚巴克尔地区的一家小报记者，珊德拉是一名中学教师。2003年4月30日，这天是他们的结婚纪念日。下午，珊德拉很早就买好了晚餐需要的食物，她要为雷米准备一顿丰盛的晚餐。可当珊德拉回家准备好饭菜后，却迟迟等不到雷米回家的脚步声。她从7点一直等到11点，看着桌上的菜一点点地凉了，她觉得再也无法忍受了，她想，雷米竟然毫不在意这个特殊的日子，他太自私了，只知道工作，完全忽略了她的存在，忽略了她的情感要求。她独自上了床，泪水在脸上肆意地流淌着。就在这时，她听到了门锁打开的声音，还有雷米因为疲惫而沉重的脚步声。

雷米轻敲着卧室的门，进来后抱歉地对珊德拉说，今天有一个突发采访任务，一时情急，他忘记今天的约会了。珊德拉流着泪，连看也没有看雷米，低着头对他说："如果你连我们的结婚纪念日都可以忘记的话，那么，我们得重新考虑一下是否还应该生活在一起。今晚，你就睡书房吧，我们彼此冷静地思考一段时间。"雷米看着珊德拉毫无商量余地的眼神，叹息着关了门出去了。

半夜时分，珊德拉被一阵巨大的响动惊醒了，睁开眼，好像整个房子都在颤抖，她意识到可能是地震了，她非常害怕。这时她听见隔壁的雷米在拼命地敲着房门，并叫她赶紧钻到床底下去，她刚刚将身子藏到床下，只听"哗啦"一声巨响，她觉得眼前一黑，就什么都不知道了。

也不知过了多久，珊德拉才有了一点知觉，她睁开眼，发现四周一片黑暗，同时感觉浑身疼痛。珊德拉意识到自己被埋在了房屋的废墟中，到处都是钢筋、木梁、泥土和石块。她很害怕，大声地叫着雷米的名字，但很久都没有听到他的回应。珊德拉绝望地想，丈夫是不是已经死了，泪水悄悄地布满了她的脸庞。因为极度伤心再加上伤痛，她又昏死了过去。恍恍惚惚中，她听到有人在大声地叫着自己的名字："珊德拉！珊德拉！"她幽幽地醒转过来，又仔细地听了听，是的，是雷米在叫她的名字！他没有死！她努力张开干裂的嘴唇，大声地答应着雷米："我在这儿，快救我！"

珊德拉边说边试图移动一下身体，不料腰部一阵剧痛，手也好像断了，根本抬不起来。死亡的恐惧使她大哭起来。这时，从附近传来了雷米的声音："亲爱的，别害怕，我在这儿呢！"因为书房和卧室之间的墙壁已经倒塌，雷米离妻子非常近，如果两个人都不说话，他们甚至能听见彼此的呼吸声。雷米的声音像一针镇静剂，让珊德拉感觉到了生存的希望，她惶恐的心渐渐安定下来。

腰部的剧烈疼痛让珊德拉忍不住呻吟起来，她对雷米说自己非常害怕，而且腰部受了伤，根本动不了。雷米赶紧安慰她说："别害怕，亲爱的，不是还有我在你身边吗？"

"嗨，亲爱的，你记得吗，你说有份神秘礼物要送给我的，现在收不到，等我们出去后你可还是要给我的呀！"雷米继续和珊德拉说着话。

珊德拉这时才记起，自己还有一件很重要的事情没有告诉雷米，她本想在纪念日的烛光晚餐上对他说的。珊德拉的心里不禁一阵痛楚，因为她想，这件礼物也许再也没有机会送给丈夫了，她对自己能否活着从废墟里爬出去不抱任何希望。但她沉默了一会儿，还是低声告诉了雷米，她怀孕了！

雷米也沉默了，他似乎没想到，他们会在这样的绝境中分享这个喜讯。怀孕的事情让珊德拉心里一阵黯然，她想孩子也许等不及出世，就将随着自己一起葬身在这茫茫的黑暗和可怕的废墟中，她非常后悔自己为什么没有早点怀孕，也有些怨恨雷米。如果他不是以工作太忙为借口，一直推托着晚点要孩子，也许他们早就有了一个活泼可爱的儿子或女儿了。想到孩子，珊德拉的心再一次沉到了谷底，她觉得自己的眼皮也开始沉沉的了。珊德拉告诉雷米，自己很困，想睡觉。雷米马上扯着嗓子大声地叫着："珊德拉，现在不能睡，这一睡也许就永远醒不过来了！你千万不要放弃希望，还有我们的孩子在你肚子里呢，他会没事的，生命有时不是我们想象的那么脆弱！你听到了吗？他也许正在肚子里叫妈妈呢！"

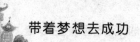

"雷米！"珊德拉艰难的叫着丈夫的名字，"我的伤可能很严重，救援的队伍不知什么时候来，我想我是活不了啦，我真希望你能抱抱我呀！"珊德拉的声音里透着绝望。

"不，亲爱的，你会平安无事的！我也没事，房屋塌下来的时候，一条横梁正好卡在沙发上，挡住了石块。我还能动，我可以把塌下来的石块一点一点的掏开，然后我就能见到你了。书柜的抽屉里正好放着一些急救药，我就躺在旁边，可以毫不费力的取到，所以你不用太担心，我会来救你的！现在最关键的是你不能睡去，保持清醒的意识！"雷米急切的对珊德拉说。

听到雷米安然无恙，还能挖开石块过来救自己，珊德拉的眼前好像一亮。这时，她耳边果然传来了石块和瓦砾被搬动的声音，她仿佛听到了充满希望的乐章。

也许是失血过多的缘故，珊德拉已经开始有些神志不清了，她的眼皮也已经越来越沉。她悲伤地告诉雷米，自己实在是坚持不住了，想睡一会儿。雷米叹了一口气，只得说，你千万不要睡得太沉了，我马上就会过来帮助你！接着，他又说，自己的耳膜好像被裸露的钢筋刺穿，听力正在逐步丧失，如果她醒来后跟他说话，他或许听不到了，但他会一直在她旁边说话，并且努力地从废墟中爬到她的身边。

又是几个小时过去了，在这段时间里，珊德拉好几次都忍不住想彻底摆脱这种痛苦的折磨，昏睡过去一了百了，但雷米不时讲述的一些幽默故事、深情唱起的一些情歌以及对他未来幸福生活充满诗意的描述，使她最终坚持下来了，她一边听着他的声音，一边紧紧地咬着自己的嘴唇以保持意识清醒。

当一线亮光从头顶照射下来时，她几乎兴奋得大喊起来，她想，雷米终于扒开了废墟，来到了她的身旁。她却不知道，来的不是她的丈夫，而是救援人员。为了不让突如其来的亮光伤害到她的视力，她的眼睛很快被他们用黑布条蒙住。当珊德拉发现抱住她的并不是雷米，而是救援人员时，她赶紧提醒他们废墟下还躺着她丈夫，并坚定地说他还活着，因为她一直听见他在说话。救援人员于是迅速进行挖掘，但让所有人都大吃一惊的是，他们发现的只是雷米已经僵硬的尸体，以及一部电池能量即将耗尽、声音十分微弱的录音笔！

当救援人员把这一不幸的消息告诉珊德拉时，她根本无法相信，她大声叫起来："你们一定搞错了，雷米怎么可能死呢？他只是耳朵受伤而已，他一直在旁边说话，还不停地挖着石块想要过来救我呢！"

这时，一个救援人员从废墟中找到了雷米写下的几页日记，尽管日记是在黑暗中写的，字迹歪歪扭扭，但还是能够辨认清楚，大家看了雷米的遗言，这才了解珊德拉怀疑的理由和整个事情的真相。

原来，那夜被珊德拉拒之门外，雷米就在书房的沙发上睡觉，所以他根本就没有察觉到地震前的异常响动。地震时，屋顶掉下一块巨石，正好砸到他的身上，他的下半身被砸成了肉泥，血肉模糊，四肢也多处骨折。如此严重的伤势，雷米知道自己活下去的希望不大了。就在他难过的时候，他知道，珊德拉感情十分脆弱，如果这个时候不帮她的话，她可能会放弃生存的希望。在绝境中，一个人求生的意志是非常重要的，它常常会创造出生命奇迹。为了让珊德拉充满信心，他一个劲儿地说着话鼓励她坚持下去。当雷米听到珊德拉怀孕的事情时，他的心里更加难过。他下决心让母子平安地活着出去，以弥补他以前对妻子的亏欠。于是他不停地说话，设计着他们一家三口美好的人生，使珊德拉对活下去充满了动力。

雷米说着这些谎言的时候，他的身体已经非常虚弱。他意识到自己恐怕坚持不了多久。正好这个时候珊德拉昏昏欲睡，于是他灵机一动，决定把自己的话用恰巧掉在旁边的公文包里的录音笔录下来。他想到珊德拉听见这段录音时，他可能已经不在人世了，于是趁她意识尚清醒时告诉她，他的听力正在丧失，有可能听不到她的话了，这样他在放录音的时候就可以不引起珊德拉的怀疑。

雷米的录音笔可以连续录四个小时，这几个小时里他强忍着巨大的伤痛说话、唱歌，并且假装搬动石块和瓦砾。当电池耗尽后，他又从公文包里拿出备用电池换上。接着，他又从公文包里找出笔和纸张，摸索着写了几页遗言，然后在生命的最后关头按下了放音键……

所有看见雷米的遗书和听见那段生命的留言的人，都被感动得热泪涟涟。珊德拉更是忍不住痛哭失声，她一直以为丈夫忽略了对她的爱，而在这次突

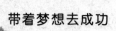

如其来的横祸中，丈夫不仅以一个极其睿智和美丽的谎言拯救了她和她腹中孩子的生命，也谱写了人间一段最真挚感人的爱情乐章！

（佚名）

一枚硬币的奖励

　　直到那时，我才明白，正是外婆给了我后半生的幸福，那些每天被当作励志礼物的银色硬币，饱含着外婆对生活的信念和勇气，也饱含着外婆对我最无私最深沉的爱。

那年冬天，居住在美国西北部的我们刚经历了被称为"哥伦布暴风雪"的灾害性天气。无情的暴风雪和肆虐的狂风摧毁了很多房屋和树木。空气中弥漫着刺骨的寒冷，将我们的房子变成了一个冰窖。

父亲点燃了壁炉里的木柴，我们兄弟姐妹便一窝蜂似的跑到壁炉前面取暖。木头发出噼噼啪啪的响声，赤红的火舌舔着炉膛，我感到胸前逐渐暖和起来。然而，正当我闭上眼睛背对着火炉，享受炉火带来的惬意时，不幸降临了。不知何时，一个从壁炉里溅出的火星点燃了我棉睡衣的背后。等被发现时，火星已变成火舌开始吞噬着我的睡衣。空气中夹杂着炭火味、棉絮烧煳的味道和我身上的肉被烧焦的味道。一阵剧痛后，我失去了知觉。

醒来时，我已躺在医院的床上。医生告诉母亲，我左腿背部的皮肤和神经组织被严重烧伤。由于伤势很严重，医生严肃地对母亲说："美洛蒂的伤势很重，植皮手术做完后，她的一只脚可能会僵硬，也就是说她只能一只脚走路，当然，幸运的话，她能恢复到不靠拐杖，一瘸一拐地走路。"母亲听到医生的警告后痛哭流涕。

腿上伤口的恢复是一个非常痛苦的过程。此后几个月，我每天都得换包扎伤口的纱布，其间，医生把我臀部的皮一点点植到了左腿烧伤部位。那是我有生以来身体经历过的最痛苦的时候。下半身的任何一点活动都会带来巨大的痛楚，要想站起来走路简直是天方夜谭。伤口愈合的初始阶段，那种疼痛是常人无法忍受的，任何腿部活动对于我都是一种折磨，我只能整天静静地躺着。

外婆住在附近的小镇上，离我家有5英里远。我受伤后，外婆每天一大早就赶过来看我，直到傍晚才回她自己家，从未中断过。

外婆绝不能接受我瘸着腿走路或者只用一只脚走路的想法，也绝不允许别人说这样的丧气话。她总是用她干枯的手抚摩着我的额头，说："亲爱的，你一定会站起来，用双腿走路的！"那时候，外婆每天都会鼓励我，想出各种各样的办法来哄我活动那只伤脚。为了让外婆高兴，我宁愿忍着剧痛，噙着眼泪活动那只受伤的脚。

有一次，移动伤脚时产生的剧烈疼痛到了无法忍受的地步，我号啕大哭，决定放弃取悦外婆。我哭着对她说："外婆，我的脚实在太痛了，我不想再走，永远也不想再动它一下。"

在我拒绝练习走路一天后，外婆带来一个蓝色的布袋子。她对着我神秘地笑了笑："亲爱的，你知道这里面是什么吗？"

外婆拿起布袋摇了摇，里面传来悦耳的金属碰撞声，"哦，我知道了，是硬币。"外婆居然带了一袋子硬币过来。一个硬币对于一个小孩来说可是一笔不小的数目，那时一个美分都能买到一把做成动物模样的果糖呢。躺在沙发上，我可以清楚地看到那个袋子里的那些鼓鼓囊囊的硬币。我从来没有见过那么多的硬币。它们让我想起那些美丽的果糖，我异常兴奋，忘记了疼痛。

外婆说："你如果能站起来，我就奖给你一枚硬币。"我是多么渴望得到一枚硬币啊！所以，我忍着疼痛站了起来。外婆微笑着将一枚崭新的硬币放在了我的掌心，我很快又坐下了，因为刺骨的疼痛噬咬着我的伤脚。外婆盯着我的眼睛说："我这里还有很多硬币，就照着刚才那样做，亲爱的，再站起来一次。"

我重新站了起来，外婆果然又在我的掌心上放了一枚崭新的硬币。

此后几个月，外婆每天都用这样的方法鼓励我站起来，鼓励我迈开步子。其间，我多次听到外婆对母亲说："我对这孩子的未来始终充满信心，我绝不会看着她瘸腿或者单腿走路。"

一天，我问外婆："外婆，如果您的硬币用完了该怎么办呢？"外婆微笑着对我坚定地说道："亲爱的，不要担心外婆会用光硬币，我会把世界上所有的硬币都找来给你。"

奇迹真的出现了，一年后我居然可以在门口悠闲地散步，像所有健康的孩子那样轻轻松松、稳稳当当地走路。给我动过手术的医生看到我的变化后非常惊讶："我治疗烧伤患者这么多年，从没有看到过一条严重烧伤的腿能恢复得如此彻底，真是奇迹！"

外婆去世的那年，我已经长成了大姑娘。那天从墓地返家的途中，母亲告诉我："你外婆万万不能接受你成人后跛脚或单脚走路。她每天都会向上帝祈祷，希望你能康复，像正常人那样走路。上帝听到了她的声音。"

"我知道她一直希望我能像健康人那样行走。"我说。接着，我问母亲："妈妈，您知道外婆从哪里弄到那么多硬币吗？"母亲回答说："你知道吗？外公去世后，她就靠着政府给的一点救济金过活，生活得非常拮据，外婆把毕生的积蓄和救济金都换成了硬币给你了。"

那一刻，我泪流满面。

直到那时，我才明白，正是外婆给了我后半生的幸福，那些每天被当作励志礼物的银色硬币，饱含着外婆对生活的信念和勇气，也饱含着外婆对我最无私最深沉的爱。

（佚名）

生命的姿势

在这个风雪狂舞的50米高山上，妻子一次又一次地重复着平常极为简单而现在却无比艰难的喂奶动作。她的生命在一次又一次的喂奶中一点点地消逝。

一对夫妇是登山运动员，为庆祝他们儿子一周岁的生日，他们决定背着儿子登上70米的雪山。

他们特意挑选了一个阳光灿烂的好日子。一切准备就绪之后就踏上了征程。刚天亮时天气一如预报中的那样，太阳当空，没有风没有半片云彩。夫妇俩很快轻松地登上了50米的高度。

然而，就在他们稍事休息准备向新的高度进发之时，一件意想不到的事发生了。风云突起，一时间狂风大作，雪花飞舞。气温陡降至零下三四十摄氏度。最要命的是，由于他们完全相信天气预报，从而忽略了携带至关重要的定位仪器。由于风势太大，能见度不足1米，上或下都意味着危险甚至死亡。两人无奈，情急之中找到一个山洞，只好进洞暂时躲避风雪。

气温继续下降，妻子怀中的孩子被冻得嘴唇发紫，最主要的是他要吃奶。要知道在如此低温的环境之下，任何一寸裸露在外的皮肤都会导致体温迅速降低，时间一长就会有生命危险。怎么办？孩子的哭声越来越弱，他很快就会因为缺少食物而被冻饿而死。

丈夫制止了妻子几次要喂奶的要求，他不能眼睁睁地看着妻子被冻死。然而如果不给孩子喂奶，孩子就会很快死去。妻子哀求丈夫："就喂一次！"

丈夫把妻子和儿子揽在怀中。喂过一次奶的妻子体温下降了两度。她的体能受到了严重损耗。

由于缺少定位仪，漫天风雪中救援人员根本找不到他们的位置，这意味着风如果不停他们就没有获救的希望。

时间在一分一秒地流逝，孩子需要一次又一次地喂奶，妻子的体温在一次又一次地下降。在这个风雪狂舞的50米高山上，妻子一次又一次地重复着平常极为简单而现在却无比艰难的喂奶动作。她的生命在一次又一次的喂奶中一点点地消逝。

3天后，当救援人员赶到时，丈夫已冻得昏倒在妻子的身旁，而他的妻子——那位伟大的母亲已被冻成一尊雕塑，她依然保持着喂奶的姿势屹立不倒。她的儿子，她用生命哺育的孩子正在丈夫的怀里安然地睡眠，他脸色红润，神态安详。被伟大的生命的爱包裹的孩子，你是否知道你有一位伟大的母亲，她的母爱可以超越50米的高山而在风雪之中塑造生命。

为了纪念这位伟大的母亲、妻子，丈夫决定将妻子最后的姿势铸成铜像，让妻子最后的爱永远流传，并且告诉孩子，一个平凡的姿势只要倾注了生命的爱便可以伟大并且抵达永恒。

（佚名）

请不要打扰她的灵魂上路

如果你意识到，生命是一条单向车道，你永远不可能再次路过相同的风景，那么你就应该全身心地去生活，而这就是快乐的真谛了。

在古埃及的传说里，一个人在由生到死的瞬间，神都要先问他两个问题，而他的回答将关系到他能否踏上死后的旅途。

第一个问题是：你把快乐带来了吗？第二个问题是：你快乐过吗？

我的母亲曾经说过，沉浸在痛失亲友的悲伤中是最自私的行为，因为这所有的一切都围绕着一个我：哭悼那人的是我，怀念那人的是我，追忆那人的是我，需要那人的还是我。当我还是个孩子的时候，母亲就告诫我不要在她的葬礼上哭泣，她说那样会打扰她的灵魂，使她不能安心上路。母亲最喜欢的一首诗是：

　　不要在我的墓碑前彷徨，

　　更不要为我哭泣，

　　如果有一丝微风吹拂过你的面颊，

　　如果有一片雪花如钻石般璀璨，

　　那就是我，

　　那就是我……

　　在母亲的眼中，死亡是不可避免的，也是命中注定的，所以根本用不着害怕。对母亲来说，死亡只是一个逗号，而不是句话。她生前经常对我讲起古老的神话传说，讲生命的轮回，讲一个人的灵魂是如何随着今生的积德而不断被净化、被提升，从一个躯体转移到另一个躯体，从一种生命形式转化为另一种生命形式，直至最后的圆满。不过，这只是她从佛经里学来的理论。事实是，我们没有一个人知晓生死一瞬间会发生什么，而正是这种无知让我们心怀恐惧。但是反过来想想，当我们大多数人连生的勇气都没有的时候，为什么还要害怕死呢？

　　前几天，我信步走进一个人声鼎沸的市场，在里面呆了半个小时，什么也不干，只是看着眼前人来人往。没有几个人昂首阔步，大多数人都是躬身前行，面部表情千变万化，但总摆脱不了百无聊赖、疲惫不堪、焦躁不安，甚至愁云满面、心灰意冷。仅仅为了活着而活着，挨过一天天、一年年，最后在床上终其一生，这真是对生命的浪费！

　　然而，在生与死之间还有一段美妙的征程，叫做生活。这是一段神奇的旅途，它应该充满了梦幻、想象、知识、现实和领悟。一个人的生活品质并不是由宗教、国籍、地位或性别决定的。如果你意识到，生命是一条单向车道，你永远不可能再次路过相同的风景，那么你就应该全身心地去生活，而这就是快乐的真谛了。

　　一位我已记不起名字的哲人曾经说过，生命走到尽头后就只剩三件事了：你热烈地爱过吗？你充实地生活过吗？你学会放弃那些不属于你的东西了吗？

积极地生活态度催生积极快乐的人生。那就不妨从现在做起，把过去的不快抛在脑后，不要再为未知的明天而自寻烦恼，振作起来，用心去体会生活，敞开心胸去迎接欢乐、散布欢乐吧。

不要在我的墓碑前彷徨，

更不要为我哭泣，

我就是那在风中哗哗作响的树叶，

我就是你脸上的每一缕笑容，

我就是你张开双臂拥抱的欢乐。

（佚名）

不能流泪就微笑

随着时间的推移，她渐渐改变了生活的态度，她说："在这寂静的世界里，我感到很充实。因为我不能流泪，所以我选择了微笑。"

在美国艾奥瓦州的一座山丘上，有一间不含任何合成材料、完全用自然物质搭建而成的房子。里面的人需要依靠人工灌注的氧气生存，并只能以传真与外界联络。住在这间房子里的主人叫辛蒂。

1985年，辛蒂在医科大学上学的时候，有一次，她去山上散步时带回了一些蚜虫。回来后，她拿起杀虫剂为蚜虫去除化学污染，就在这时，她突然感觉到一阵痉挛。她原以为那只是暂时性的症状，却没有料到自己的后半生从此变得悲惨至极。

原来，辛蒂的免疫系统被这种杀虫剂中所含的一种化学物质所破坏了。她开始对香水、洗发水以及日常生活中可接触的所有化学物质一律过敏，甚至连空气也可能使她的支气管发炎。这种"多重化学物质过敏症"是一种奇怪的慢性病，是医学界的难题，到目前为止仍无药可医。

患病的前几年，辛蒂一直流口水，尿液变成绿色，有毒的汗水刺激背部形成了一块块疤痕。她甚至不能睡在经过防火处理的床垫上，否则就会引发心悸和四肢抽搐——辛蒂所承受的痛苦是令人难以想象的。1989年，她的丈夫吉姆用钢和玻璃为她盖了一所无毒房间，一个足以逃避所有威胁的"世外桃源"。辛蒂所有吃的、喝的都得经过选择与处理，她平时只能喝蒸馏水，食物中不能含有任何化学成分。

多年来，辛蒂没有见到过一棵花草，听不见一声悠扬的歌声，感觉不到阳光、流水和风的快慰。她躲在没有任何饰物的小屋里，饱尝孤独之苦。更可怕的是，无论怎样难受，她都不能哭泣，因为她的眼泪跟汗液一样也是有毒的物质。

坚强的辛蒂并没有在痛苦中自暴自弃，她一直在为自己，同时更为所有化学污染物的牺牲者争取权益。辛蒂生病后的第二年就创立了"环境接触研究网"，以便为那些致力于此类病症研究的人士提供一个窗口。1994年辛蒂又与另一组织合作，创建了"化学物质伤害资讯网"，保证人们免受威胁。目前这一资讯网已有5000多名来自32个国家的会员，不仅发行了刊物，还得到美国上议院、欧盟及联合国的大力支持。

在最初的一段时间里，辛蒂每天都沉浸在痛苦之中，想哭却不敢哭。随着时间的推移，她渐渐改变了生活的态度，她说："在这寂静的世界里，我感到很充实。因为我不能流泪，所以我选择了微笑。"

辛蒂的微笑恐怕是这世界上最让人感到心酸的微笑了，但这也是最美的微笑。这种微笑是绝境中的微笑，是苦难中的微笑，这种微笑是沉重的，悲壮的。

当我们不可避免的陷入痛苦中时，请试着微笑吧，每一个微笑都代表一个希望，微笑是心灵的碰撞，是情感的传递，是灵魂的会意。笑对生活的同时，生活也会对你报以微笑！

（佚名）

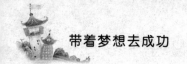

一串葡萄

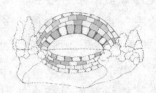

看门人惊奇得不知所措，他觉得不能再让葡萄兜圈子了。于是他不再迟疑，开始吃起葡萄来。这时，他觉得从来没有吃过如此甜美的葡萄。

一天，修道院的大门被叫开，看门人巴拉甘惊喜地看到，旁边果园的一个果农给他送来一大串晶莹剔透的葡萄。

果农对他说："兄弟，我送给你这串葡萄，感谢你在我每次来修道院时对我的关照。"看门人对他的情意表示感谢，并对果农说修道院的人会很高兴享用这串葡萄。

果农满意地离开修道院之后，看门人把葡萄洗净，得意地望着它。忽然，他想起修道院里的一个病人最近得病什么也不想吃，便决定把这好吃的葡萄送给他，让他开开胃："他多么需要营养啊！"

于是，看门人把葡萄送到虚弱的病人床前，病人睁开双眼惊喜地看着葡萄。看门人对他说："马蒂亚斯，有人送给我这串葡萄，但是我知道你什么都不想吃，也许它能带给你食欲。"马蒂亚斯从心里感激他，对他说他将永远记住他，就是有一天死了，也会在天堂里感谢他。

看门人拿来一个大盘子，把葡萄放在上面，让病人享用。然后，他又回去继续工作了。病人拿起葡萄，又想起应该把它送给对自己倾注了大量心血，整日整夜地为他操劳的护士，以慰藉自己的灵魂。

病人喊护士，护士以为病人出了什么问题，就迅速赶到了他的床前。病人对护士说："埃斯特万，看门人惦记着我的病，送给我这串葡萄，让我品尝。由于我什么都没有吃，现在我吃了它可能伤胃，我想还是让你吃，你对我一直很不错。"护士坚持让病人吃，但是越坚持，病人越是拒绝。护士感谢病人送给他如此诱人的礼物，不得已便把葡萄带走，护士边走边想，这串葡萄应该送给兢兢业业为大家服务的厨师。于是，护士来到厨房，找到了厨师埃纳文图拉，对他说："你的心像这串美丽的葡萄一样高尚，这串葡萄送给你吧。"厨师谢绝了护士的好意，最后把葡萄送给了为大家操劳的修道院院长。

就这样，这串葡萄在整个修道院里传来传去，最后重新回到了看门人手中。看门人惊奇得不知所措，他觉得不能再让葡萄兜圈子了。于是他不再迟疑，开始吃起葡萄来。这时，他觉得从来没有吃过如此甜美的葡萄。

（佚名）

变成富翁的方法

年轻人，世间的万物皆互为因果，因便是果，果即为因，从此以后，凡是你碰到的东西哪怕何等微小，你也要珍惜爱护没有绝对无用的东西，为你遇上的人着想，你会有好报的。

亨利6世时期，特德很想成为一位富翁。

特德家境贫寒，从小到处流浪，努力寻求如何才能变成富翁的方法。他当过泥瓦匠，卖过服装，当过跑堂的伙计，还用多年积攒的钱贩卖过食盐，然而，几年过去了，他不仅没有变成富翁，反而将积攒的一点钱花得一干二净，他本人也因为屡屡失手而变得心灰意冷，他感叹人生无常、命运不公，觉得辛辛苦苦地干活也是无济于事，到头来还是个沦落街头、衣衫褴褛的流浪汉。

在一个风雨交加的夜里，一连3天水米未进的他跌跌撞撞地拐进了一座破教堂，雷电交加，照亮教堂里的一尊神像，他跪在地上，虔诚地向神诉求："神啊，你大慈大悲，为什么不能指点我一条成为富翁的路呢？"他饥饿交织，瘫倒在地上。

冥冥之中，特德仿佛听见神的声音，神说："年轻人，世间的万物皆互为因果，因便是果，果即为因，从此以后，凡是你碰到的东西哪怕何等微小，你也要珍惜爱护没有绝对无用的东西，为你遇上的人着想，你会有好报的。"

特德突然惊醒，神的话他却牢牢记在了心上，决心照神的指示去做，重新振作起来。次日清晨，他来到一条小河边洗了洗脸，见水面上浮着一片枯叶，上面一只小蚂蚁正在挣扎。他小心翼翼地捡起那片枯叶，将小蚂蚁放到地上。小蚂蚁迅速地领来了一群蚂蚁，他们排成黑压压的一队，指示特德往西南走去，果然翻过一个小坡，下面是一片茂密的野果林。特德饱饱地吃了一顿，又摘了几个揣进怀里。他继续赶路，不久碰到一个躺在路边的商人，原来商人迷了路，已经几天没吃东西了。特德给了商人两个果子，商人甚是高兴，就送了特德一瓶灯油继续往前走。

天黑了，特德来到一间黑屋子前。屋里没有灯，只有孩子的哭声，原来这家人的孩子病了，天黑路远请不到医生，特德把灯油倒进油灯中，提着油灯请来了医生治好了孩子的病。

孩子的父亲十分感激年轻人，送了他一锭金子作为报答。特德用这锭金子买了一个果园，由于他为人厚道帮助他的人很多。几年以后，特德有了自己的花园，成为远近闻名的富翁。

（佚名）

做命运的骑手

> 福勒，我们不应该贫穷，我不愿意听到你说：我们的贫穷是
> 上帝的意愿。我们的贫穷不是上帝的安排，而是因为你的父亲从
> 来就没有产生过致富的愿望。

福勒是美国路易斯安那州一个黑人佃农家的孩子，5岁时就开始劳动，9岁之前以赶骡子为生。这并不是什么稀罕的事，大多数佃农的孩子都是很早就参加劳动了。但是小福勒与他的朋友有一点不同：他有一位不平常的母亲，他的母亲不肯接受这种仅能糊口的生活。她时常同儿子谈论她的梦想："福勒，我们不应该贫穷，我不愿意听到你说：我们的贫穷是上帝的意愿。我们的贫穷不是上帝的安排，而是因为你的父亲从来就没有产生过致富的愿望。我们家庭中的任何人都没有产生过出人头地的想法。"

没有人产生过致富的愿望！这个观念在福勒的心里刻下了深深的烙印，以致改变了他的一生。从此，他总是把所需要的东西放在心中，而把不需要的东西抛到九霄云外。这样，他致富的愿望就像火花一样迸发出来。他决定把经商作为生财的一条捷径，并最后选定经营肥皂。于是，他就挨家挨户出售肥皂，并达12年之久。后来他获悉供应他肥皂的那个公司即将拍卖出售，售价是15万美元。福勒很想把它收购过来，但他在经营肥皂的12年中只积蓄了2.5万美元。不过双方达成了协议：他先交2.5万美元的保证金，然后在10天内付清剩下的12.5万美元。协议规定，如果他不能在10天内筹到这笔款子，他就要丧失他所交付的保证金。

福勒在当肥皂商的12年中获得了许多商人的尊敬和赞赏，现在他只有去找他们帮忙了。他从私交的朋友那里借了一些钱，从信贷公司和投资集团那里也获得了援助。在第十天的前夜，他筹集了11.5万美元，但还

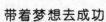

差1万美元。

当时，他已用尽了所知道的一切贷款来源。那时已是深夜，他在幽暗的房间里跪下来祷告，祈求上帝领他去见一个会及时借给他1万美元的人。他自言自语地说："我要驱车走遍61号大街，直到我在一栋商业大楼里看到第一道灯光。"

夜里11点钟，福勒驱车沿芝加哥61号大街驶去。驶过几个街区后，他看见一个承包商事务所亮着灯光。他走了进去。在那里，在一张写字台旁坐着一个因熬夜而疲惫不堪的人，福勒似乎认识他。福勒强迫自己必须勇敢些。

"你想赚很多钱吗？"福勒直截了当地问道。

"是呀，当然想！"他答道。

"那么，给我开一张1万美元的支票，当我奉还这笔借款时，你将有很多很多钱。"福勒对那个人说。随后，他把其他借款给他的人的名单给这位承包商看，并且详细地说明了这次商业风险的情况。

那天夜里，福勒在离开这个事务所时，口袋里已装了一张1万美元的支票。以后，他不仅在那个肥皂公司，而且在其他7个公司，包括4个化妆品公司、一个袜类贸易公司、一个标签公司和一个报馆，都获得了控制权。当大家要他谈谈成功的奥秘时，他用他的母亲在多年前所说的话回答道："我们是贫穷的，但这并不是因为上帝的安排，而是由于你们的父亲从来没有产生过致富的愿望。在我们的家庭中，从来没有一个人想到过改变自己目前的处境。"

福勒随身带着一个看不见的法宝，这个法宝的一边印着"积极心态"四个字，另一边印着"消极心态"四个字。他把"积极心态"这一面翻到上面，令人吃惊的事发生了：他竟然能够把他认为几乎不能实现的梦想变成了现实。

在这里我们需要强调的是，福勒开始谋生时所具有的有利条件比我们大多数人所具有的条件要差得多。但是，他选择了一个很明确的目标，并且奋力向这个目标迈进。

对你说来，不论成功意味着什么——只要你有一个积极的心态，就能达到成功的顶峰。

（佚名）

平沙落雁

　　爱可以化解重量，爱可以消除重担，爱可以弥补生理缺陷；爱是一种医治心灵的灵药，一种塑造人生靓丽风景的元素，总之来自爱的任何反应都很美。我们不怕先天的缺陷，不怕后天的不足，最可怕的是爱心泯灭、道德流失、心灵沙化和精神污染。

　　《平沙落雁》是一首展景抒怀的琴曲，又名《雁落平沙》、《平沙》，作者有唐代陈子昂、宋代毛逊、明代朱权等，众说不一。曲谱最早载于公元1634年（明末崇祯七年）刊印的藩王朱常淓纂集《古音正宗》。此曲原为四段，在流传的过程中发展成六段、七段、八段等不一。

　　全曲以水墨画般的笔触，淡远而苍劲地勾勒出大自然寥廓壮丽的秋江景色，表现清浅的沙流，云程万里，天际群雁飞鸣起落的声情。曲意爽朗，乐思开阔，给人以肃穆而又富于生机之感，借鸿雁之高飞远翔，抒发和寄托人们的胸臆，体现了古代人民对祖国美丽风光的歌颂与热爱。在幼儿园中昨天早饭后，母亲因要向幼儿园联系普莱可西的小妹妹入园的事，也领我去参观。我从来没有去过那里，真有趣。全园约有婴孩200人，都是很小的男女婴孩，和他们一比，一年级学生也是大人了。

　　我们到达的时候，孩子们正排成两列走进饭厅。饭厅里有两排长餐桌，上面有许多小圆孔，每个孔里放着盛了米饭和豆子的小碗，旁边放着小匙。他们进去以后，有的认不清自己的座位，走到一个位置上就坐下来，用匙子取食。老师走过来说："再往前走"，他走了四五步又坐下来吃一匙。老师们忙来忙去，好容易使他们规规矩矩地坐下了，就开始祈祷。大家合掌，眼望着屋顶，而心里却想着食物。念完祈祷，大家就忙着吃起来了。多有趣呀！有左右手拿匙子轮换吃的，有一粒一粒拣着豆子放进口袋去的，有把豆子用小围裙包着捏碎了吃的。有的不吃，看苍蝇飞舞；有的忽然咳嗽，把嘴里的食物喷了一桌子。看他们吃东西的样子，好像鸡场里的小鸡争食一样，很是好看。婴孩们坐成两排，用红的绿的蓝的丝带束着发，非常可爱。

一位老师问坐在一排的八个婴孩："稻米是从哪里长出来的？"她们一齐张大嘴巴，像合唱那样齐声回答说："是从水田里长出来的。"然后老师发出一个口令："举手！"这些几个月前还穿着婴孩服的娃娃，同时举起小小的手摇动着，好像一群粉色的蝴蝶。

吃完饭以后就出去玩耍。他们先去把挂在墙上的放着午餐的小篮子拿下来，跑到园子里便四处散开，各人拿出篮子里的干粮--面包、葡萄干、小块奶酪、熟鸡蛋、小苹果、鸡翅膀或一把煮豌豆。不一会儿，到处都洒满了面包屑，好像在喂小鸟一样。他们每个人的食相也很有趣，有的像兔子在慢慢咀嚼，有的像猫儿在舔着。有一个小孩抱着一块黑面包，把山楂酱涂在上面。有个小孩把奶酪用手搓碎，涂在衣袖上。

他们有些人嘴里含着苹果和面包来回追逐。有几个小朋友用小竹签挖熟鸡蛋，好像挖什么宝贝似的，挖了又把碎粒倒在地上，再一粒粒地捡起来。当有谁带来什么新奇的食物，就有许多人围着看；如果有人带来一袋糖，就会有20个小孩要求蘸一点到他们手里的面包上去。

这时，母亲到园子里摸摸这个，摸摸那个。有的退缩，有的躲到她背后，有的仰起头要求亲一下，有的张开小嘴巴像小鸟要食物那样。有一个把咬过的桔子送给母亲，有的送来一块面包皮，一个小女孩送来一片树叶，又一个很严肃地伸出食指要母亲看，原来指头上有一个小小的水泡，说是昨晚被蜡烛油烫的。还有个小孩高兴地拿了一只小昆虫出来，我不知道她是怎样捉来的。还有的送来半块软木塞、一颗衬衫纽扣和一朵花。有一个头上缚着绷带的小孩，向母亲叽叽咕咕说了一个头尾颠倒的故事，一句话也听不懂。还有一个女孩要母亲俯下身来，附在她耳边小声地说，她的父亲是个做毛刷的。

如果老师稍微照顾不到，孩子们就要发生这样那样的事。有因解不开手中的结而哭的，有两个因为争吃半块苹果而尖叫着扭打起来，有一个因小椅子翻倒爬不起来而哭个不停。老师们跑来跑去照料着。

我们离开的时候，母亲抱了站在身边的几个孩子。于是，许多孩子都走过来要抱。他们的小脸蛋上还沾着蛋黄或果汁。有的拉着母亲的手要看看手上的戒指，有的拉着手上的表链，有的还拉着母亲的头发。

"小心！她们要把你的衣服撕破的！"老师对母亲说。

母亲却不顾自己，仍然抱着吻着他们。有些靠近的还想沿着母亲的手臂爬到她身上去，远一点的则拼命挤进来，一边喊着："再见！再见！"

"再见！再见！"母亲终于像脱逃一样离开了。孩子们追到栏杆旁，纷纷伸出小手要把面包、苹果、奶酪送给母亲，一面叫道："再见！再见！明天再来！"

母亲又回头一一握她们玫瑰花环一样的小手。走到街上，才发现满身都是面包屑和污迹，衣服也弄皱了。她手里握着孩子们赠送的花，眼里闪着泪光，高兴得好像过节似的。

我们走出大门，还听见孩子们像小鸟一样在叫着："再见！夫人！再见！"

（佚名）

拼搏的人生

　　人的一生就是拼搏的一生，拼搏是现代人的一种生活态度，一个人只有勇敢地到生活的大海中去拼搏，才有可能取得事业的成功。

摩洛·路易士的非凡成就来自两次成功的拼搏，一次在20岁，另一次在32岁。

20岁时，摩洛放弃在广告公司内很有发展的工作，决心自己创业，这是他人生中的第一次拼搏。为此，他放弃收入稳定、前途似锦的工作，完全投身于未知的世界，从事创意的开发。

他的创意主要是说服各大百货公司，通过CBS电视公司成为纽约交响乐节目的共同赞助人。摩洛本人认为此法十分可行：一方面，当时的百货公司业绩都不好，都希望能借助广告媒体提高形象与销售成绩；另一方面，在纽约，交响乐节目的听众多达100万人，十分值得投资。于是，摩洛便为自己的创意奔波于各大百货公司与CBS公司间。

在当时，由于这种性质的工作对人们来说相当陌生，所以做起来困难重重。

同时说服许多家独立的百货公司，分别采纳各公司的意见加以整合，这种事过去从未有人完成过，更别说要他们拿出几百万美元的经费来。所以，一般人都觉得他一定会失败。

尽管如此，摩洛仍然十分卖力地在各地进行说服工作，结果他在说服工作上做得相当出色。一方面，他的创意大受欢迎，与许多家百货公司签订合约；另一方面，他向CBS公司提出的策划方案也顺利被接受。此后的10个星期，他干劲十足地与电视台经理一同展开一连串的广告活动。更值得一提的是，这期间他没有任何收入。

计划眼看着就要步入最后的成功阶段，但由于合约内某些细节未能达成一致意见而宣告流产，他的梦想也随之破灭。

但"塞翁失马，焉知非福"，此事结束之后，CBS公司马上来找他，聘请他为纽约办事处新设销售业务部门的负责人，并支付给他三倍于以往的薪水。于是，摩洛又再度活跃，他的潜力得以继续发挥。

在CBS公司服务几年之后，摩洛再度回到广告业界工作，但这次不是从基层做起，而是直跃龙门--他担任了承包华纳影片公司业务的汤普生智囊公司的副总经理。

那个时代，电视尚未普及，与今日相比，仍处于摇篮期。但摩洛非常看好它的远景，认为电视必将快速发展，便专心致力于这种传播媒体的推广。由公司所提供的多样化综艺节目，为CBS公司带来空前的大成功。

这便是摩洛人生中的第二次拼搏。为了它，他再次放弃原来可以平步青云的机会，走入另一个未知的世界。但这次冒险并不完全是孤注一掷的，他是在看准后才堆上自己的"赌注"的。最初两年，他仅是纯义务性地在"街上干杯"节目中帮忙，没想到该节目大受欢迎，从播映以来从未间断过，并成为最受欢迎的综合节目之一。这在竞争激烈的电视界内是非常少见的现象。除了节目成功之外，他被CBS公司任命为所有喜剧、戏剧、综艺节目的制作主任。摩洛成功了，他的成功给了我们一个巨大的启示：

人的一生就是拼搏的一生，拼搏是现代人的一种生活态度，一个人只有勇敢地到生活的大海中去拼搏，才有可能取得事业的成功。

（佚名）

生命之灯

听着妈妈的讲述，我的心渐渐地平静下来。随后，也偷偷地擦干脸上的泪，坚强地昂起头，攥紧小手，心中祈望自己成为"中国的保尔"。

总记得孩提时那个月朗星稀的夏夜，在屋外，浴着如水的月光，妈妈以深沉舒缓的语调，为我讲述了一个平淡无奇的故事。

"在一片茫茫的大海上，有一位水手不慎落水了，他游啊，游啊，可游来游去总找不到岸。眼看他筋疲力尽快要下沉了，这时，一盏灯出现在他的前方，他又振作起来，奋力拼搏着，终于，游到了一座有着一盏灯的小岛。他得救了。"

故事讲完了，妈妈看着我因患病而瘫痪的双腿，又意味深长地说："那是他的生命之灯啊！"

幼小的我依偎在妈妈的怀里，听着这个简单得不能再简单的故事，心中懵懵懂懂。那时我哪里知道，这其实是妈妈悉心培养残疾的我坚强性格的开始！

　　妈妈是一位教师，或许是由于职业的影响，她一直认为，身体残疾了，这是既成的事实，悲悯哀怨都不是正确的态度，更要紧的是必须注重心理素质的培养，不能因为身体的残疾再产生一个不健康的心！

　　妈妈是这么想的，也是这么做的。

　　我入学的时候，正好进入了她所执教的班级。由此，妈妈在把满腔的爱献给自己所钟爱的事业的同时，也为我的成长付出了极大的心血。她一边传授我知识，照料我生活，一边又更注重在我心灵上的耕耘。

　　入学后不久，赶上了一次全体学生参加的长跑活动。这是我从未有过的体验，因而是那样的新奇而极具诱惑力。我掰着手指问妈妈："什么时候开始啊？"妈妈没有回答我，脸上却掠过了一丝不易察觉的阴云。其实妈妈正为我的"长跑"而犯愁：双腿瘫痪，怎么"跑"呢？但把我一个人撂在教室里，恐怕又会令我过早地感受到双腿的残疾，品味出生活的不幸，从而在我幼小的心灵上造成深深的创伤。最终，妈妈背着我参加了长跑，她累得气喘吁吁，而我却非常兴奋，俨然和同学们一样"跑"完了全程。

　　瘫痪的阴影到底是来了。读二年级的时候，有一天，不知为什么，我忽然一下子真切地感受到了双腿的残疾，感受到由此而生的诸多不便，进而大哭起来。看着伤心至极的我，妈妈也忍不住泪流满面。随即，妈妈又擦去了泪水，给我讲起了保尔·柯察金的故事。听着妈妈的讲述，我的心渐渐地平静下来。随后，也偷偷地擦干脸上的泪，坚强地昂起头，攥紧小手，心中祈望自己成为"中国的保尔"。作为母亲，看着自己的孩子遭受如此的不幸，心中不可能不难受，但是，妈妈为了以自己的坚强感染孩子，把泪全咽进了肚子里。

　　回想起童年时代，高士其、吴运铎、海伦·凯勒……这一系列中国的、外国的人名字，通过妈妈的故事一个个嵌入了我的脑海，给了我多少力量啊。

这一切，是我童年生活道路上的盏盏灯火！

　　作为妈妈的学生，尽管我是班上年龄最小的一个，且又身有残疾，可在这里，尤其在学习上，我不可能有丝毫的特殊，为取得好的成绩，必须和普通的同学一样去努力。记得那是在一次期中考试前，试卷制好了，放在妈妈的办公桌上。我出于天真和好奇，忍不住拿过来，准备打开看。妈妈发现了，轻轻地推开我的手，又轻轻地对我说："好的成绩要靠自己的努力去争取，不然的话，成绩再好，也算不上真正的成绩。"我脸红了。多少年过去了，这一句平平常常的话却在我的心中铭记至今，令我受用不尽。

　　然而，对于我的每一次成功，即使是一点微小的成绩，妈妈总是热情鼓励，多加称赞，以作为我前进的动力。读四年级的时候，在一次校作文比赛中，我力克群优，得了第一名。妈妈毫不掩饰自己的兴奋，对我说："这不，只要努力了，你就会出类拔萃的。"

　　正是基于妈妈这样的教诲，在整个小学和初中阶段，我渴求上进，品学兼优，几乎囊括了学校所有的第一。

　　光阴荏苒，转眼之间，我读完了初中，又以优异的成绩取得了高中入学资格。但是，由于身体原因，却不得不辍学了，这是我从未预料到的结局，令我陷入了一种超乎寻常的消沉和痛苦之中。

　　那一日午后，妈妈随手把一本泰戈尔的《飞鸟集》丢在我桌上。我忍不住拿过来翻着看。读着，忽然，发现了一首被妈妈做上记号的诗：

　　"如果你因为失去了太阳而流泪，那么也将失去群星了。"

　　妈妈微笑着问我："读得懂吗？"我点了点头。妈妈又问："记得我讲的那个《生命之灯》的故事吗？"

　　寥寥数语，胜似千言。妈妈这一问，使我猛然间醒悟过来：妈妈的一言一行看似随意，其实全是刻意的啊！

　　我终于不再懵懂了。

　　感悟出一切，我忍不住痛哭起来，不是为自己悲惨的命运，而是为妈妈的良苦用心，一种负疚的感觉也充满了我的心中。妈妈强忍住泪，哽咽着对我说："哭吧，哭出来心里会好受些。"

妈妈又一次为我拨亮了生命的灯。

在妈妈的鼓励下，我又振作起来，走上了一条自学之路。这条路虽然崎岖坎坷，但磨炼了我的意志，使我找到了生活的支点。如今，经过多年的奋斗，我早已完成了大学本科学业，并且有了一份自己的事业，赢得了地市级"十大杰出青年"的荣誉称号。面对这一切，我笑了，妈妈笑了，笑得舒心，笑得惬意。

那一天，我又翻起了泰戈尔的《飞鸟集》，无意间，这样一首诗引起了我的注意：

"我不能选择那最好的，是那最好的选择了我。"

哦，妈妈，这首短诗您一定读过。您对我的教诲，用这首诗来比拟，无疑是最恰当不过的了。

岁月在流逝，空间也不断地转换。随着时空的变化，许许多多的东西会尘封和锈蚀。但无论何时何地，对于我，妈妈的教诲都是至真至诚的教诲。

这，已成了我生命中另一盏永不熄灭的灯火！

（佚名）

把不幸当作起点

"或许那也没什么大不了"，正是因为有了这样的积极心态，很多人才会以惊人的毅力面对困境，最终寻求到了人生的光明。

米契尔曾经是一个不幸的人，一次意外事故，使他身上65%以上的皮肤都烧坏了，为此他动了16次手术。手术后，他无法拿起叉子，无法拨电话，也无法一个人上厕所，但以前曾是海军陆战队员的米契尔并不认为自己被打败了。他说："我完全可以掌握我自己的人生之船，我可以选择把目前的状况看成倒退或是一个起点。"他选择了起点。6个月之后，他又能开飞机了！

后来，米契尔为自己在科罗拉多州买了一幢维多利亚式的房子，另外还买了一架飞机及一家酒吧，后来他和两个朋友合资开了一家公司，专门生产以木材为燃料的炉子，这家公司后来变成了佛蒙特州第二大私人公司。

但在旁人看来，不幸总是围绕着他。在米契尔开办公司的第四年，一次飞机起飞时发生意外，他的12条脊椎骨被压得粉碎，腰部以下永远瘫痪！但米契尔仍然选择不屈不挠，丝毫不放弃，并日夜努力使自己能达到最高限度的独立自主。他被选为科罗拉多州孤峰顶镇的镇长，以保护小镇的美景及环境，使之不因矿产的开采而遭受破坏。他后来也竟选国会议员，他用一句"不只是另一张小白脸"的口号，将自己难看的脸转化成一项有利的资产。

尽管面貌骇人、行动不便，米契尔却坠入爱河，且完成了终身大事，也拿到了公共行政硕士证书，并坚持他的飞行活动、环保运动及公共演说。

米契尔说："我瘫痪之前可以做一万件事，现在我只能做九千件，我可以把注意力放在我无法再做的一千件事上，或是把目光放在我还能做的九千件事上，告诉大家说我的人生曾遭受过两次重大的挫折，如果我能选择不把挫折拿来当成放弃努力的借口，那么，或许你们可以用一个新的角度来看待一些一直让你们裹足不前的经历。你可以退一步，想开一点，然后你就有机会说：'或许那也没什么大不了'！"

"或许那也没什么大不了"，正是因为有了这样的积极心态，很多人才会以惊人的毅力面对困境，最终寻求到了人生的光明。

伟大的女科学家居里夫人也曾经有过挫折。当她克服重重困难，通过努力学习、认真研究，攀登上了科学高峰时，丈夫皮埃尔?居里的去世却给她带来了巨大的打击。她为了完成丈夫的遗愿，继续钻研，将悲痛埋藏在心底，最终为人类做出了巨大的贡献。

对于既漫长又短暂的一生来说，挫折是必然的，但我们应该有信心去相信阳光总在风雨后。一个人要在激烈的竞争中制胜，要想有一个幸福的人生，就必须把不幸当作幸福的起点，培养坚韧的心态，从自己的内心激励自我，告诉自己：那没什么大不了的。

（佚名）

走过坎坷

再坎坷的路，只要咬着牙去走，还是能够走通的。坎坷并不可怕，可怕的是在面对坎坷时没有足够的勇气去战胜它。

我有一位朋友，两次参加高考都失败了。按理说，这打击已经够大了。但他没有一蹶不振，甚至就此沉沦。他酷爱文学，回家后在从事繁重的农事之余，刻苦读书，学习文学创作，两年之后，他又为了"逃婚"南下打工。在打工的日子里，什么活儿都干过，什么苦儿都受过，他都咬着牙挺过来了。一天，他在《广州日报》上得知某报招聘编辑记者，便斗胆去应聘，带着中学时代和毕业后发表的大大小小的"作品"。八十多个应聘者，经过笔试与面试，最后录用了三个，他是其中之一。另外两个，都是名牌大学毕业生。他在那家报社干了一年多，又由北京一著名老作家引荐，转到广东一家优秀的少儿期刊社工作，期间得过不少编辑奖，也发表了许多有一定影响的儿童文学作品。

成为编辑、记者后，他的生存状况较先前挑土方、泥沙，做建筑小工有了很大改观，但"风光"的表象后面，仍有许多不为外人所知的坎坎坷坷。在杂志社，他没有正式编制，也就没有相应的福利待遇。工资不高，租不起房，他只能偷偷地睡办公室。他备有一张活动床。为了不让老总发现，他把它搁在办公楼的楼顶上。每天，同事们下班，他也下班走人，在外面溜一圈后再返回，将床支起；第二天清早起来，把床"藏"好，上街吃早点，然后再跟同事们一起来上班。那年夏天，我去广东联系出版我的一本书，有幸跟他一起挤过那张窄窄的折叠床。他的办公室奇热，蚊子出奇的多，我通宵都没有睡好，而他却睡得很安稳。我想，他大概是习惯了蚊子的虐待吧。由于长期在外奔波，加上条件所限，不能很好地照料自己，他患上了严重的结肠炎。他没有被生活打倒，一边服用从老家托人带来的中药，一边继续努力地工作。如同一棵流浪的树，硬是在广东那块异乡的土地上扎下根来，伸展出一片属于自己的天空。

去年，我所在的单位承办了一次规格较高的全国高校学术期刊研讨会。他的出现又带给了我一份惊喜。原来，他早已离开先前的那家少儿期刊。为了趁着年轻，多学点知识，他自费在武汉大学进修了一年，学成后又进了一家学术期刊社。因为工作努力，勤于钻研，目前他已成为那家期刊的编辑骨干。而且，他撰写的学术论文还经常获奖。从一个高考落榜者，到少儿期刊的优秀编辑；从一个普通的编辑、记者，再到大型学术期刊的编辑骨干；从一般的文学创作，到高水准的学术研究，他走过了多少水洼泥泞，穿越了多少艰难坎坷，付出了多少血泪辛酸，只有他自己的心最清楚。

再坎坷的路，只要咬着牙去走，还是能够走通的。坎坷并不可怕，可怕的是在面对坎坷时没有足够的勇气去战胜它。

（佚名）

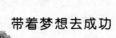
心态决定人生高度

　　他的成功是何等的神奇和伟大。先天加在他身上的缺陷是何等的严重，但他却能毫不灰心地做下去，直到成功的日子到来。

　　人类生来是为了成就事业的，每个人的生命里都有一颗伟大的种子，这其中自然也包括你。你是一个有价值的人，有能力创造美好的事物。然而，如果你只听到别人说你不够资格，你多半会相信他们的话。如果别人每天告诉你，你是二等公民，你很可能会开始同意他的话。

　　尽管外界会给你不好的评价，但你也不要放弃自己。毕竟你是唯一能够决定如何开发自己潜能的人。

　　富兰克林·罗斯福小时候是一个脆弱胆小的男孩，脸上显露着一种惊惧的表情。如果被喊起来背诵，他立即会吓得双腿发抖，嘴唇颤动不已。

　　他这样的小孩，生性敏感，回避任何活动，不喜欢交朋友。如果他停止奋斗而自甘堕落，是相当自然而平常的事情。罗斯福39岁时，在休假期间的一次游泳后不幸患上脊髓灰白质炎，痊愈后只能拄着双拐参加各种活动。假设他极为在意身体的缺陷，或许他会花费许多时间去洗"温泉"，服用"维他命"，并花时间航海旅行，坐在甲板的睡椅上，希望恢复自己的健康。

　　但是他却不是这么做的。他不把自己当作婴儿看待，而是要使自己成为一个真正的人。他看见别的强壮的孩子玩游戏、游泳、骑马或进行其他一些激烈的活动，他也去做，他要使自己变为最刻苦耐劳的典范。如此，他也觉得自己勇敢了。当他和别人在一起时，他觉得他喜欢他们，并不愿意回避他们。由于他对人感兴趣，自卑的感觉便无从发生。他觉得当他用"快乐"这两个字去接待别人时，就不觉得惧怕别人了。他虽然有些缺陷，但他从不自怜自爱，而相反的是，他相信自己，他有一种积极、奋发、乐观、进取的心态，这激发了他的奋发精神。

他的缺陷促使他更努力地去奋斗，他不因为同伴对他的嘲笑便减低了勇气，他喘气的习惯变成了一种坚定的嘶声。他用坚强的意志，咬紧牙关使嘴唇不颤动来克服他的恐惧。而他正是凭借着这种奋斗精神，凭借着这种积极心态，最终成为了美国总统。

他不因自己的缺陷而气馁，他甚至加以利用，变其为资本和扶梯而到达了成功的巅峰。在他的晚年，已经很少有人知道他曾经有严重的缺陷。美国人民都爱他，他成为美国最得人心的总统，这种情况是前所未有过的。他的成功是何等的神奇和伟大。先天加在他身上的缺陷是何等的严重，但他却能毫不灰心地做下去，直到成功的日子到来。

罗斯福成功的主要因素不仅在于他的努力奋斗和自信自强，更重要的是他从不自怜自卑，他相信自己，不低估自己的潜能，正是这种积极的心态鼓励他去努力奋斗，最后终于从不幸的环境中找到了发挥潜能的舞台。

（佚名）

梦想的力量

　　施瓦辛格深有感触地说：“不管你是否受过短暂的挫折和失败，只要你坚持自己的梦想，就一定会成功！”

10岁就跟着父亲偷渡越过美墨边境的小男孩桑蒂亚哥身边只带了一个足球和一张世界杯足球赛的照片，足球是桑蒂亚哥的全部，也是他全部的梦想。身为非法移民的桑蒂亚哥虽然很会踢球却不能如愿，他只能跟着固执的父亲到处帮洛杉矶地区的有钱人家清扫家园，以赚取微薄的薪水。

　　一天来自英国的球探发现了桑蒂亚哥的天分，并且鼓励他前往足球运动蓬勃发展的英国闯天下。为了追逐自己的梦想，桑蒂亚哥不顾父亲的极力反对，终于还是离家出走，只身前往英国挑战自己的极限。桑蒂亚哥到了英超劲旅——纽卡斯尔队的主场圣詹姆斯球场准备参加赛前选秀会。不幸的是，英超毕竟是世界级的足球殿堂，桑蒂亚哥的球技在这群卧虎藏龙的顶尖选手中几乎凸现不出来，他也领悟到除了天份之外，勤奋的练习才是在职业足坛立足的重要关键。

　　最后，桑蒂亚哥在最紧张的关头帮助纽卡斯尔队顺利晋级季后赛，也成为纽卡斯尔的英雄。

　　从中，我们可以看出，一个人能有多高的成就通常取决于他有多高的目标，心怀多大的志向。大文豪高尔基说过："一个人追求的目标越高，他的才力就发展得越快，对社会就越有益。"一个人只有具备了进取心，才能够拥有终身取之不竭、用之不尽的精神动力。因为雄心是缔造成功的关键因素，创造财富、成就事业源自于雄心的急速膨胀。

　　一次，美国著名影星施瓦辛格在清华大学作演讲，与清华学子"面对面"分享他人生的酸甜苦辣。他演讲的主要内容就是"坚持梦想"。

　　施瓦辛格用自己的亲身经历，说明了梦想的重要性，他说自己小时侯体弱多病，后来竟然喜欢上了举重，最初也受到了一些人的嘲讽和质疑，可他在苦练后铸就了一副强壮的身板，并赢得了世界级比赛的冠军。而在随后的从影、从政过程中，外界的质疑也从未中断过，可他没有动摇，最后还是将梦想一个个地变成了现实。

　　所以，施瓦辛格深有感触地说："不管你是否受过短暂的挫折和失败，只要你坚持自己的梦想，就一定会成功！"

　　有梦想才会成功，天上永远不会掉馅饼，只有自己奋斗，才能得到又大又香的馅饼。

（佚名）

九　州

　　生活的真谛并不神秘，那就是无私。所以，要想自己快乐，就先给予别人快乐。要想让自己的心里充满阳光，就先把阳光散布到别人的心田里。

　　传说中的我国上古时期划分的九个行政区域，州名分别为：冀、兖、青、徐、扬、荆、豫、梁、雍。后成为中国的别称。陆游诗云："死去元知万事空，但悲不见九州同。"《过秦论》"序八州而朝同列"，秦居雍州，加上八州即九州。

尊贵的秘密

　　一个荷兰花草商人，千里迢迢从非洲引进了一种名贵的花卉。他爱护这些花卉如同自己的生命一般。

　　他细心地将花种在花圃里，希望将来能卖个好价钱。邻居曾向他索要花的种子，可商人拒绝了。他计划培植三年，等拥有上万株后再开始出售和馈赠。

　　第一年的春天，他的花开了。花圃里万紫千红，那种名贵的花开得尤其漂亮，就像一缕缕明媚的阳光。商人高兴极了，他相信这些花卉是有生命的。于是付出了更大的心血培育这些花卉。

　　第二年的春天，商人的花已经达到五六千株。可商人有些失望，因为他发现今年的花虽然数量多了，但是质量却不如去年，没有去年开得好，花朵变小不说，还有一点点的杂色。

　　第三年的春天，商人的花已经培植出了万株的规模，但这些花完全没有了它在非洲时的那种雍容和高贵，和普通的花几乎没什么两样。

难道这些花退化了吗？商人百思不得其解，只得去请教一位植物学家。植物学家拄着拐杖来到他的花圃看了看，问他："你这花圃隔壁是什么？"

"隔壁是邻居家的花圃。"

"他们也种这种花？"植物学家问。

"不！"商人有些骄傲又有些无奈地摇了摇头，"这种花在全荷兰，甚至整个欧洲也只有我一个人有，他们的花圃里都是些郁金香、玫瑰、金盏菊之类的普通花卉。"

"那你就把你的种子送给邻居些吧。"植物学家建议。

"为什么？"商人有些吃惊。

"虽然你的花圃里种满了这种名贵的花，但和你的花圃毗邻的花圃却种植着其他花卉，你的这种名贵之花被风传授了花粉后，就染上了毗邻花圃里的其他品种的花粉。所以你的花一年不如一年，越来越不雍容华贵了。"植物学家缓缓地说道，"谁能阻挡住风传授花粉呢？所以要想使你的名贵之花不失本色，只有一种办法，那就是让你邻居的花圃里也都种上你的这种花。"

商人听了将信将疑，主动将自己的花种分给了邻居。

很快，在第二年商人就收获了喜悦。商人和邻居的花圃成了这种名贵之花的海洋。而且花色典雅，花朵又肥又大，朵朵流光溢彩，雍容华贵。

这些美丽的花一上市，便被抢购一空。

（佚名）

美丽的谎言

　　老奶奶倾听唱片，击掌打拍，摇头晃脑，大惑不解地问：
"我怎么听不出这谎言到底美丽在哪里？"

　　蒙特娜是音乐天才。3岁时在微型木琴上模仿弹奏电视广告曲，父母连劝带哄才能把她从高高的琴凳上抱到饭桌前。她的父母在中国工作过，经常给她讲"狼来了"的故事，教她要诚实，不说谎话。蒙特娜聪明而刻苦，14岁练习贝多芬的《命运交响曲》，竟把手指磨出老茧。15岁那年冬天，天气特别冷，因晚上坚持迎着暴风雪去上钢琴课而患了肺炎。

　　她住进了汉诺威医院。病床左面是位女教师，右面是位文化不高的老太太。女教师的女儿是医生，对母亲的病历总是严密收藏。

　　有一天，女儿不在，小护士竟把ECT（加强CT）诊断报告稀里糊涂地送到女教师手中。她见报告上写着：肝Ca（癌症的缩写）晚期，这无疑是一纸死亡宣判书，她掩面而泣，一头倒在床上再也没起来。由于精神崩溃，半月后便离开了人世。

　　蒙特娜非常震惊——一个事实由于真实地传递给患者，竟然加速了患者的死亡进程，"狼来了"的故事在这里绝对禁用。母亲对蒙特娜说："病人也必须讲道德：一、最好别打听病友是什么病。二、即使知道也万万不可对病人讲——因为，在这里住院的人，有许多是癌症患者，这是要命的病。"

　　住在左床的女教师离去了，让住在蒙特娜右边的老奶奶慌了神。老奶奶天天追问医生她是什么病，是否也得从医院后门被蒙上白布抬出去。医生告诉她是肺炎，她却半夜溜进护士的值班室，偷来了自己的病历。她叫醒佯装熟睡的蒙特娜。病历上写着：右肺下叶中心型Ca。"Ca是什么病？"老奶奶问。蒙特娜一时很为难。15年来，她没说过半句谎话，此时怎么办？对一个老奶奶说谎话，这是多么难为情的事啊。

她灵机一动，想起一根救命稻草："啊，对了，您那肺叶上有钙，过去有肺结核，现在钙化了。"老奶奶半信半疑："那我为什么还咯血？""医生不是对您说了，有点肺炎，跟我一样。""小姑娘，Ca是钙吗？你不骗我？""当然，您看，这里有证据——"蒙特娜翻开化学课本中的元素周期表，指着上面的Ca给老奶奶看，"您看，这是国际通用的元素周期表，Ca在这里，是钙的缩写。教科书还能骗人？"老奶奶凝视着蒙特娜天真无邪、渴望信任的大眼睛，紧紧抱住这位报喜的天使哭了。

老奶奶美美地睡了一宿踏实觉，不过，蒙特娜却一夜未曾合眼——老奶奶因为没了思想负担，一整夜睡得鼾声如雷。第二天，蒙特娜问老奶奶打鼾的事，老奶奶说："我又打鼾了吗？嗨！好久没睡得这样香甜了！你不会要求奶奶今晚戴着口罩睡觉吧？"蒙特娜听了老奶奶那么幽默的话，笑得直不起腰来。老奶奶主动向护士承认了自己偷拿出病历的错误，护士惊讶地看着老奶奶，她奇怪，这个病人知道自己得了癌症为什么还会如此乐观，甚至是高兴？

蒙特娜把自己编织的谎言偷偷告诉了护士，护士抱住蒙特娜连说："谢谢，谢谢。"

医生谎称老奶奶肺部感染扩大，给她切掉了患癌的肺叶。令所有医生和护士感到惊奇的是，不到一个月，老奶奶竟康复出院了，她的大女儿为了感谢蒙特娜有根有据、天衣无缝的美丽谎言，愿接受这位机灵的小姑娘做她的学生——义务教蒙特娜钢琴课。当蒙特娜得知新老师的大名时惊呆了——她就是德国最著名的钢琴家安妮·索菲·穆特尔！

名师出高徒，蒙特娜的演技一跃成"家"。去年她录制了第一张自己的演奏专辑光盘，很快销售一空，今天，这位18岁的清纯漂亮的女钢琴家每天坚持练习5个小时。目前又录制出版了老师安妮作曲、她本人演奏的第二张光盘，专辑的名字就叫《美丽的谎言》。老奶奶倾听唱片，击掌打拍，摇头晃脑，大惑不解地问："我怎么听不出这谎言到底美丽在哪里？"

安妮对蒙特娜使个眼色，狡黠一笑："妈妈，您仔细听，这美丽就在七彩的音乐里，在人类的心灵里！"

（佚名）

压岁钱

善良是人类最宝贵的美德。善良能给予人们莫大的收获，如果我们想从人生中得到快乐，就不能只想到自己，而应为他人着想。因为快乐来自于你为别人，别人为你。

过年，孩子们最高兴的是接受压岁钱。清朝吴曼云有《压岁钱》一诗："百十钱穿彩线长，分来再枕自收藏。商量爆竹谈箫价，添得娇儿一夜忙。"可见孩子们收到压岁钱后的欣喜与忙碌。初一早上，孩子来到长辈面前弯腰鞠躬，说一声"过年好！"大人便笑呵呵地递过来一个红包。到亲戚家拜年，长辈也要给。包里的钱一般不多，只是叫孩子们开心。主要意义在红纸上，红红火火象征着兴旺发达交好运。当场打开纸包数钱是不礼貌的。当然"压岁"还有一层意思，"岁"与"祟"谐音，有压住邪祟，求得平安的意思。

仁慈的寡妇

那天，松树堡的寡妇正和她5个年幼的儿女围坐在火堆旁。她微笑地看着身边可爱的孩子，心里却愁云密布，以后的日子怎么过呢？

很多年前，她的丈夫就过世了。她与唯一懂事的大儿子苦苦支撑着这个家，养育着更为弱小的5个儿女。虽然仍然辛劳，但毕竟多一个人多

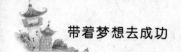

一份力量，大儿子为她分担了很多辛苦。

可是，就在几年前，大儿子为了给家庭创造美好的生活，便跟随一些不要命的男人去远方寻找宝藏。从此便杳无音讯，再没回来过。

儿子走后，女人便没有任何人可以依靠，她一个人用那双瘦弱的双手支撑着整个家庭。她的晚餐很简单，就是屋里火堆上烤着的那条青鱼，这是全家唯一的一点食物。孩子们并不知道妈妈的苦楚，他们眼巴巴地看着那条鱼，猜测着鱼的滋味，笑容在脸上荡漾着。

突然，响起一阵敲门声。全家的注意力都被吸引了过来，孩子们争先恐后地跑去开门。门口站着一位十分疲倦的旅人，脸上黑黑的，甚至都看不出长的什么样子。虽然他衣衫褴褛，但看起来还是十分健康的。

"好心人，我一整天滴水未进了！您能不能给我点吃的，再允许我留宿一晚，我没有一点力气再往前面走了。"旅人恳求道。

女人听了十分难过，她毫不犹豫地拿起那条青鱼，分了很大一块交给旅人。旅人接过了食物，突然发现这一家人的食物少得可怜。

"你们只有这一点食物吗？但却仍然把它分给一个陌生人？"旅人的眼角湿润了。

"我们绝不会因为这小小的善举而被遗弃，也绝不会因此陷入更深的困苦之中。"女人微笑着回答。

女人听了忽然泪流满面。

"可我还有一个儿子，如果他还没有被上帝带走的话，现在不知在世界的哪个角落！此刻，我的儿子可能也在四处流浪，和你一般疲惫饥饿，我只希望他能被一户人家所收留，即使这户人家和我们一样的贫困。我如此待你，也祈祷别人能如此待他。正因为如此，我才愿意真诚地收留你啊！"

女人刚说完话，旅人便激动地跑过去抱住了她。

"上帝果真使你儿子被一个善良的家庭所收留，并且赐予了他财富，使他能感谢真诚收留他的人！"

原来旅人正是女人多年未见的儿子。

（佚名）

让理想闪光

> 她强调"任何妇女，不分信仰、贫富，只要生病，就可收容……"她在工作中表现出非凡的能力，大家对她都言听计从。

南丁格尔是生在意大利的英国人，家境优裕，受过高等教育，年青时代由于常协助父亲的老友（一位医生）精心护理病人，逐渐对护理工作发生了兴趣。她曾到德国、法国、希腊等地考察这些国家的医院和慈善机构，充实阅历，坚定立志于护理事业的决心。她自学有关护理知识，积极参加讨论医学社团关于社会福利、儿童教育和医院设施的改善等问题。

1850年在她30岁时去德国学习护理，33岁时又去巴黎学习护理组织工作。回国后任伦敦一家医院的护理主任。1853年8月12日，在慈善委员会的资助下，南丁格尔在伦敦哈雷街一号成立一看护所，开始施展她的抱负，她采取了许多措施，令当时的人叹为观止。如采用病人召唤拉铃，在厨房设置绞盘以运送膳食给病人，她强调"任何妇女，不分信仰、贫富，只要生病，就可收容……"她在工作中表现出非凡的能力，大家对她都言听计从。

1853年，英法等国与俄国爆发了克里米亚战争。战争开始时，英军的医疗救护条件非常低劣。伤员死亡率高达42%。当这些事实经报界披露后，国内哗然。南丁格尔应英政府的函请，率领38名护士奔赴前线。她

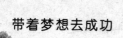

凭着理想与抱负，在前线独自开拓现代护理事业。对于当时一位35岁的女性而言，这是一种非常艰巨的挑战。当时，在欧洲各先进国家早有被称为"姐妹"的女护士出现，但英国由于受宗教和社会的成见，一直反对在医院特别是战地医院中有女护士出现。因此，过去军队中从无女性护士服务。

南丁格尔在前线充分显示了她各方面的才能。她利用自己的地位和声望，冲破了军事当局的重重障碍。拿出自己的3万英镑为医院添置药物和医疗设备并重新组织医院，建立改善伤员的生活环境和营养条件，整顿手术室、食堂和化验室，很快改变了战地医院的面貌，只能收容1700名伤员的战地医院经她安排竟收到3000~4000名伤员。在这里，她的管理和组织才能得到充分发挥。6个月后，战地医院发生了巨大的变化，伤员死亡率从42%迅速下降至2%。她经常深夜巡视病房，检查伤员休息情况，安慰伤势比较严重的战士，战士们非常感激这位无私的女性，有的战士还偷偷亲吻她巡视病房时印在墙壁上的身影。这种奇迹般的有目共睹的护理效果震动了全国，同时改变了英国朝野对护士们的估价并提高了妇女的地位，护理工作从此受到社会重视。护理工作的重要性亦为人们所承认。

同时，为妇女开辟和创建了一个崇高的职业。南丁格尔为此付出极大的精力和心血，她建立了护士巡视制度，每天夜晚她总是提着风灯巡视病房，一夜巡视的路程在7公里以上。南丁格尔每天工作的时间要超过20个小时，过度的劳累使她染上终生不愈的疾病。

（佚名）

她说我是天使

有一天，我接到了一个电话，让我很意外，原来是那家孩子的祖母从外地打来的，她请求我在圣诞的时候为她的外孙女买一个礼物。

在我上中学的时候，随父母搬到了另外一个城市。那段时间我没有朋友，而且也很自卑。我不喜欢和同学交往，也不和女孩子们一起玩，甚至我认为她们每个人对我的接近都是为了利用我，尽管我不知道我有什么可以让她们利用的。我每天总是独来独往，一个人很寂寞，我从来不帮助别人，也拒绝别人的帮助，即使万不得已的时候帮别人做了点事情，不也不会觉得快乐。

在我们旁边住着一家贫困的人，不知道是为了显示自己的不同还是什么，我经常会资助她们，尽管我感觉不到助人为乐的快乐。

有一天，我接到了一个电话，让我很意外，原来是那家孩子的祖母从外地打来的，她请求我在圣诞的时候为她的外孙女买一个礼物。

这种要求真的很过分，也让我焦虑不安，但是我想也许她真的鼓起很大的勇气才给我这个也算是孩子的晚辈打电话，我的性格让我没办法无动于衷。"难道我很有钱吗，我已经帮助她们很多了。"我还是在心里嘟囔不停。

后来我在商场买东西的时候，看见了一个正在促销的漂亮的洋娃娃，我想到了那个女孩，于是买了下来，但我觉得这就像是交易，我根本就不情愿买下她们。我在圣诞节来临之前，把那个礼物包起来交给了那位祖母。我也不知道后来那个女孩是不是得到那个洋娃娃了，天知道，也许那个女孩从来就没得到过她。

但是后来一件事彻底改变了我。大约一年半之后，有一天，我带我的小狗出去散步，看见一个七岁左右的小女孩正在一所院子里玩耍。

她看见我的狗喊道，"我认识那条狗！"我告诉她我们就住在街道拐角处，我带它出来散步的时候，有时候会经过这里。她走过来抚摸我的狗。我突然想到，她也许认识住在邻区的那些我认识的孩子。他们不止一次地告诉过我他们有一个名叫琼的朋友住在我们这个街区。我问小女孩她是不是叫琼。"不，那是我外祖母的名字。"她回答。

听到她的回答，我的心里微微一动。

于是，我问她："前年的圣诞节，你收到过一个漂亮的洋娃娃吗？"

"噢，是的，浅黄色头发的，我给她取名叫鲁丝，它现在正在屋里睡觉呢。"她回答。

"那是你那一年得到的惟一礼物吗？"我问。

"我想我还得到一些其他礼物，不过，我不记得了。"她说。

"那两个洋娃娃是谁给你的？"我问。

"亚伦（和我一个街区的孩子）的外祖母。"她回答。

啊哈！果然不出我所料……那位外祖母把所有的荣誉都据为己有了。为了进一步证实我的猜测是正确的，我又继续问道，"她说过它是从哪里来的了吗？"

小女孩骄傲地回答道，"她说是一位天使送给我的。"

霎时，我觉得喉咙被一个硬块堵住了。

（佚名）

宽容的力量

　　一朵一朵的，花如同开在她雪白的衣服上一般！真美丽！绣着绣着，她的心就像被一股博大的暖流温暖着，她满足得看着衬衣，现在，她在心里已经彻底原谅了楠楠。

　　一大早，花花穿上了妈妈给她买的一件新衬衣，兴高采烈的来到了学校。作文课上，花花正在认真地构思，只听到后座楠楠一声惊叫，她突然意识到了什么似的，忙转身看。原来，楠楠写作文的钢笔不太流畅，一会儿下水一会儿不下水，于是她赌气似的猛甩几下，结果就是：钢笔懒散地下了几滴水，足够写十来个字，花花的衣服却"惨遭毒手"。楠楠此时吓呆了，盯了那件衣服半天，直到花花委屈地快要哭了，才回过神来："爱……花花，对不……起啊，我…我…我不是故意的……"楠楠吓得都喊出来了。花花红着两只眼，拼命止住泪水，自己也不知如何是好，只委屈地小声说："你…你…你…"之后就把头埋进臂弯抽泣起来，肩膀一颤一颤的，看上去挺可怜。楠楠仍一遍一遍重复刚才的话……

　　终于到了家，花花将钥匙插在锁孔里，稳定一下情绪，打开了门。"花花回来了？"妈妈笑呵呵地走上前来。"咦？你的衣服怎么了？"妈妈见花花一直用书包挡在前面。"告诉妈妈，怎么了？"妈妈眼中仍是充满了慈爱。花花一点一点把书包移开，妈妈看见崭新的白衬衣上有几个十分显眼的黑色的小墨点。

　　花花气愤地说出了今天她在写作文，楠楠是怎么样弄脏了她的衣服。

　　晚上，花花坐在电视机前，周五晚上的好节目虽然多，可怎么也激不起她的兴趣，只好早早睡了去。妈妈突然走出来，手中拿着几个五颜六色的线筒，说道："花花，我教你绣花好吗？""绣花？"花花眼睛一下子亮了，觉得十分新奇，忙答应妈妈教她，兴奋地学起来。

母女俩人一个教一个学，弄到很晚，第二天花花起床时，妈妈已经上班走了。花花来到餐厅，看到饭桌上放着妈妈准备好的早餐，还有一张字条。

"花花：睡得好吗？昨天晚上玩了那么长时间，学到了一手好手艺吧？对于同学弄脏了你的衣服，我现在来告诉你我的看法。同学之间有些小摩擦是难免的。楠楠不小心弄脏了你的新衣服，并不是她故意做的，对不对？所以要学会宽容，他又承认了错误，你就更应该原谅他。不要因为一点点小事就和别人闹不和，妈妈希望你能从此心胸更加宽广！好吗？现在，你一定明白了我为什么要教你绣花吧？开动你的脑筋，用你灵巧的小手行动起来吧！我相信你一定会做得很漂亮的。你说呢？——爱你的妈妈"。

花花立刻觉得两眼一亮。她用无颜六色的线绣成一朵朵漂亮的小花，遮住那些墨点，一朵一朵的，花如同开在她雪白的衣服上一般！真美丽！绣着绣着，她的心就像被一股博大的暖流温暖着，她满足得看着衬衣，现在，她在心里已经彻底原谅了楠楠。

（佚名）

不为小事烦恼

就在那时候，摩尔向自己发誓，如果他还有机会见到太阳和星星的话，就永远不会再忧虑。他认为在潜艇里那可怕的15小时里所学到的，比他在大学读了四年书所学到的要多的多。

1945年3月，罗勒·摩尔和其他87位军人在贝雅·SS318号潜艇上。当时他们的雷达发现一支日本舰队朝他们开来，于是他们就向其中的一艘驱逐舰发射了三枚鱼雷，但都没有击中。这艘舰也没有发现。但当他们准备攻击另一艘布雷舰的时候，它突然掉头向潜艇开来（是一架日本飞机看见这艘位于 60 英尺深的潜艇，用无线电告诉了这艘布雷舰）。他们立刻潜到 150 英尺深的地方，以免被日方探测到，同时也准备应付深水炸弹。他们在所有的船盖上多加了几层栓子，同时为了沉降保持安静，他们关闭了所有的电扇、冷却系统和发动机器。

3 分钟之后，突然天崩地裂。6 枚深水炸弹在他们的四周爆炸，把他们直往水底压——深达 276 英尺的地方，他们都吓坏了。按常识，如果深水炸弹在离它 17 英尺之内爆炸的话，差不多是在劫难逃。那艘布雷舰不停地往下扔深水炸弹，攻击了 15 个小时，其中有十几个炸弹就在离他们 50 英尺左右的地方爆炸。他们都躺在床上，保持镇定。但罗勒·摩尔却吓得不敢呼吸，他在想："这回完蛋了。"在电扇和空调系统关闭之后，潜艇温度升到近 40 度，但摩尔却全身发冷，穿上毛衣和夹克衫之后依然发抖，牙齿打颤，身冒冷汗。

15 小时之后，攻击停止了，显然那艘布雷舰的炸弹用光以后就离开了。这 15 小时的攻击，对摩尔来说，感觉上就像有 1500 年。他过去的生活都一一浮现在眼前，他想到了以前所干的坏事，所有他曾担心过的一些无稽的小事。

在他加入海军之前，他是一个银行的职员，曾经为工作时间长、薪水太少、没有多少机会升迁而发愁；他也曾经为没有办法买自己的房子，没有钱买部新车子，没有钱给妻子买好衣服而忧虑；他非常讨厌自己的老板，因为这位老板常给他制造麻烦；他还记得每晚回家的时候，自己总感到非常疲倦和难过，常常跟自己的妻子为了一点儿芝麻小事吵架；他也为自己额头上的一块小伤疤发愁过。

多年以前，那些令人发愁的事看起来都是大事，可是在深水炸弹威胁着要把他送上西天的时候，这些事情又是多么的荒唐、渺小。就在那时候，摩尔向自己发誓，如果他还有机会见到太阳和星星的话，就永远不会再忧虑。他认为在潜艇里那可怕的 15 小时里所学到的，比他在大学读了四年书所学到的要多的多。

（佚名）

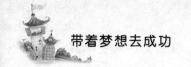
以退为进

居里夫人微微一笑说："我想让孩子从小就知道，荣誉就像玩具，只能玩玩而已。绝不能永远守着它，否则将一事无成。"

拥有美丽的外表，是一个女人最高的荣誉。莫泊桑在其作品《项链》中写道："女人并无社会等级，实际上则有差异。她们的姿色、风度和妩媚，就是她们身世和门庭的标志。"

而外表靓丽的居里夫人，为了不受外表的干扰，毅然从中学开始就把一头金发剪得很短，只因她明确自己的追求。而在对待事业所带来的荣誉时，她再一次用行动表明了自己对荣誉的态度。

一位朋友拜访居里夫人时，看到她的小女儿正在玩一枚金质奖章，那正是大名鼎鼎的英国皇家学院刚刚颁给居里夫人的。朋友非常不解，便问居里夫人为何？居里夫人微微一笑说："我想让孩子从小就知道，荣誉就像玩具，只能玩玩而已。绝不能永远守着它，否则将一事无成。"

的确，荣誉是一种资本，一种鼓励，但紧抱着它绝对不是明智之举。适时地做出调整，退一步，或许生活会绽放别样的精彩。

一位计算机博士刚刚到美国的时候，期望找到一份理想的工作，但却四处碰壁，一无所获。在无计可施的情况下，他来到了一家职业介绍所，没有出示任何学位证件，以最低身份做了登记。出乎意料的是，居然很快接到了这家职业介绍所的通知，被一家公司录用了。但职位是最初级的程序输入人员。但是他很珍惜这份工作，干得很投入、认真。不久，老板发现这个小伙子能察觉出程序中不易察觉的问题，能力非一般程序员可比。此时，他拿出了学士学位证书，老板给他换了相应的职位。过了一段时间，老板发现这位小伙子能提出很多独特的建议，其本领远比一般大学生高明。此时，他又拿出了硕士学位证书，老板又立刻提拔了他。又过了半年，老板发现他能够解决实际工作中遇到的所有技术问题，于是决意邀请他去自己家中喝酒。酒席上，在老板的再三盘问下，他才承认自己是计算机博士，因为工作难找，就把博士学位瞒了下来。第二天一上班，他还没来得及出示博士学位证书，老板已经宣布他就任公司的副总裁了。

凭博士这样一纸学历进入公司，而后在很短的时间内脱颖而出，数次提升，这样的事情一般不太可能发生。即便发生，在提拔的时间上也不会相隔那么短。再者，公司里位居高职，经验丰富、学历不低的人应不在少数，谁会服气一个只有空头文凭而且初来乍到的？一开始亮出博士文凭，固然可能立刻会得到较高的职位，但也必定给别人较高的心理期待，表现出色自然会被认为是理所应当的，表现不好就与心理期待形成了反差，说不定一个错误让人失望，连工作都可能丢掉。

运动员后退一步，是为了发力起跑；人生后退一步，是为了跑得更远。

（佚名）